普通高等教育“十四五”规划教材
普通高等农林院校人工智能与智慧农业专业系列教材

基于ROS系统的机器人设计与实验

ROBOT DESIGN AND EXPERIMENT BASED ON ROS SYSTEM

孟繁佳◎主编

中国农业大学出版社
China Agricultural University Press
·北京·

内 容 简 介

本书根据高等院校人工智能专业“人工智能工具与AI平台应用开发实践”课程的基本要求编写。本书的主要内容是基于ROS系统，在TurtleBot平台上实现机器人的导航与控制。本书在实验内容上兼具实用性与趣味性，针对性强，学生先进行仿真实验，再将仿真的内容移植到实体机器人上。这样的设计既可以让学生深入了解实验原理，又能够体会到“让机器人动起来”的成就感。仿真实验与实体实验互相结合，取长补短，达到深化学习效果、培养学生兴趣的目的。此外，本书在最后提供了几个例程，供学生参考，开拓学生思路，给学生以启迪。

本书可作为高等院校人工智能专业学生实验教材，也可作为职业院校和远程教育的人工智能实验课程的教学用书。

图书在版编目(CIP)数据

基于ROS系统的机器人设计与实验/孟繁佳主编.--北京:中国农业大学出版社，2023.8

ISBN 978-7-5655-2964-1

Ⅰ.①基… Ⅱ.①孟… Ⅲ.①移动式机器人-高等学校-教材 Ⅳ.①TP242

中国国家版本馆CIP数据核字(2023)第041662号

书　　名　基于ROS系统的机器人设计与实验
Jiyu ROS Xitong de Jiqiren Sheji yu Shiyan

作　　者　孟繁佳　主编

策划编辑　张秀环　　**责任编辑**　何美文

封面设计　李尘工作室

出版发行　中国农业大学出版社

社　　址　北京市海淀区圆明园西路2号　　**邮政编码**　100193

电　　话　发行部 010-62733489,1190　　读者服务部 010-62732336
编辑部 010-62732617,2618　　出　版　部 010-62733440

网　　址　http://www.caupress.cn　　**E-mail** cbsszs@cau.edu.cn

经　　销　新华书店

印　　刷　涿州市星河印刷有限公司

版　　次　2023年8月第1版　　2023年8月第1次印刷

规　　格　170 mm×228 mm　　16开本　　7印张　　130千字

定　　价　22.00元

编写人员

主　　编　孟繁佳（中国农业大学）

副 主 编　刘依晗（中国农业大学）

　　　　　刘羽飞（浙江大学）

　　　　　员玉良（青岛农业大学）

参　　编（按姓氏笔画排序）

　　　　　余　剑（山西工程技术学院）

　　　　　赵华民（山西农业大学）

　　　　　秦　丽（华中农业大学）

前言

Preface

人工智能是一门包含计算机、控制论、信息论、神经生理学、心理学、语言学等的综合学科。它从计算机应用系统角度出发，研究如何制造出人造的智能机器或智能系统，来模拟人类智能活动的能力，以及衍生人类智能科学。

习近平总书记在党的二十大报告中指出，"坚持为党育人、为国育才，全面提高人才自主培养质量，着力造就拔尖创新人才，聚天下英才而用之。"这是新时代实施科教兴国战略、强化现代化建设人才支撑的重要举措，是加快建设人才强国的战略部署。本课程以党的二十大精神为指导，聚焦技术前沿，在提升学生人工智能学科专业水平的同时，重点培养自主创新能力与探索思维。人工智能专业注重培养厚基础、重交叉、宽口径，掌握扎实的数理基础，熟悉计算机、控制、电子等交叉学科知识的人才，同时，也要求提高学生的科学素养、实践动手能力与创新能力。实践是很重要的环节，如果只学习专业知识，而不动手实践，无异于纸上谈兵。因此，我们编写了本书。本书面向的对象为人工智能专业大三的学生，经过几年的学习，他们已经掌握基本的计算机、机器人等相关专业的基础知识。在此基础上，通过实验课程，可以加深学生对专业知识的理解，培养学生发现问题和解决问题的能力，更重要的是，将学生引入人工智能机器人开发这片领域，增强学生对该学科的兴趣。

在内容安排上，本书共分为 8 章：第 1 章对 ROS 系统进行了介绍，阐述了什么是 ROS，为什么选择 ROS 以及如何学习 ROS；第 2 章内容是 Linux 系统的安装，按照不同的计算机硬件情况，分类讲解了安装 Linux 的步骤及注意事项；第 3 章主要介绍了在本书开发中需要用到的一些 Linux 的基础操作，为后续实验打下基础；第 4 章介绍了 ROS 系统的安装方法；第 5 章带领学生走进 ROS 系统，了解 ROS 系统架构和基础操作，并安排了有趣的仿真小实验；第 6 章内容为 TurtleBot 仿真实验;第 7 章在第 6 章的基础上,将仿真实验移植到实体机器人上;第 8 章讲解了 SLAM,并提供了几个例程,供学生进一步实践。

兴趣是最好的老师,本书注重学生自主学习能力的培养,深入浅出,重点是让学生把理论知识运用到实践中,会思考、敢尝试,进而成为在实践中创新和发展理论知识的高级人才。

诚然,对于人工智能开发这个领域,仅学习本书是远远不够的。在掌握本书的内容后,希望学生们可以举一反三,进一步地自主学习和自主实践。

本书首次出版,难免出现疏漏,望读者海涵,并不吝赐教,帮助本书更臻完善。

编者

2023 年 1 月

目录

Contents

第1章 绪 论

1.1 什么是 ROS

根据 ROS(robot operating system)官方的定义,ROS 是编写机器人软件的一个灵活的框架。它是一个工具、库和协议的集合,旨在简化在各种机器人平台上完成复杂而健壮的机器人行为任务。这句话现在可能还难以理解,在之后的学习实践中,会不断加深对 ROS 的认识。

ROS 是一组软件库和工具,可帮助构建机器人应用程序。从驱动程序到高级算法,再到强大的开发人员工具,ROS 均可满足机器人项目的需求,而且都是开源的。

不同于 Windows、Linux、Mac,甚至 Android、iOS 等系统,ROS 名字中虽然有 operating system,但它并不是一个传统的操作系统,而是元操作系统(meta-operating system)。它需要利用 Ubuntu、Windows 这些现有的操作系统来完成相关功能。为了方便当前阶段的学习,只需要把 ROS 看作一个专门为机器人开发应用程序的软件框架(software framework)和软件平台就好,不要把它当作"operating system"。

1.2 为什么要学习机器人软件平台

从零开发一个有使用价值的机器人是非常困难的,个人、实验室或者机构想依靠着自己的力量从头开始,几乎是不可能的。设想以下情况,为了控制一种机械臂,写了大量的代码,这时候又来了另一种,是不是又要写一堆呢?能不能进行代码的复用呢?一个算法工程师,并不了解机器人硬件结构,如何能将他开发的算法用到机器人上面呢？

机器人软件平台被开发的根本原因就是想让全世界机器人研究人员一起来解决机器人软件繁多且复杂造成的问题，提高代码复用率，避免重复造轮子。例如，同样一个导航算法，既可以在机器人 A 上面运行，又可以在机器人 B 上面运行，只要遵从了相关的约定，大家的机器人都可以用这个来导航，即使开发人员并不十分了解 Dijkstra、A* 等算法。至于机器人硬件，很多硬件可以结合软件平台抽象出来，即使没有（非常好的）专业硬件知识，也可以用软件平台开发硬件程序。就像即使根本不知道手机芯片长什么样，也可以开发手机 App。

1.3 为什么选择 ROS

既然还有 OpenRTM、OROCOS、OPRoS 等软件平台，那么我们为什么要选择 ROS 呢？首先 ROS 是这些软件平台里面使用人数最多的，社区也是最活跃的，目前也越来越火。上到 NASA 的太空机器人，下到地面上的自动驾驶汽车，ROS 受到越来越多教学、科研工作者的青睐。既然要学，当然要选择一个热门的，资源多、教学多、扩展性好的工具。就像学习拥有数不清的库的 Python 语言一样，数据分析、应用开发、人工智能无所不能。只要开发者多，就有更多的资源，更好的生态系统。况且，要是你有兴趣、有时间，在学习了 ROS 的基础上，再去上手其他的机器人系统就是驾轻就熟了。

1.4 学习 ROS 需要准备什么

本书将使用基于 Ubuntu 16.04 LTS 下的 ROS Kinetic，尽管 ROS 2 以及 Windows 下的 ROS 都已经推出，但 Ubuntu 16.04 下运行的 ROS Kinetic 是大部分书籍及网络资源使用的长期支持版本，所以初学者使用它更容易获得支持。本书也将采用此版本。学习 ROS 需要具备的条件如下：

一台装有 ROS 的计算机（电脑）。

Linux 知识。既然使用 Ubuntu，那么最好对 Linux 有一定了解。不过好在 Ubuntu 是一个桌面应用为主的 Linux 系统，界面做得比较亲和，上手难度不大。本书也会对使用到的 Linux 命令做一些说明。Linux 的学习以应用为主，哪里不会学哪里，活学活用，不懂就查，日积月累，熟能生巧。

C++ 知识。ROS 虽然有 C++、Python 甚至 Java 的接口，但程序主要使用 C++，所以需要对 C++ 有所了解。当然也有许多脚本使用 Python 编写，故对

Python 也要有所了解。

硬件知识。机器人毕竟是一个实物，除了软件的实现外，硬件也必不可少，虽然前面说了硬件可以结合软件平台抽象出来，但如果有相关传感器、单片机的知识，对于机器人开发必然有很大帮助。

当然以上仅仅是对完成本书课程实践所需要的一些知识，如果想要更进一步，那就是学无止境了——计算机视觉理论及工具库、SLAM 算法、机器学习和深度学习的各种理论与框架、机器人学、传感器、底层设计开发……其中任何一个领域知识的学习都十分艰难，这时候就体现 ROS 的好处了。你可以安装并调用 ROS 社区中的各种包来实现诸如定位、建图、导航等功能，就像黑箱一样，不必太关心里面复杂的功能是怎么实现的。

总之，ROS 十分强大，它可以用于机械臂，自动驾驶汽车，甚至火星探测器。所以，不妨开始 ROS 之旅吧。

第2章　Linux系统安装

在正式开始学习之前，首先需要在电脑中安装好 Linux。Linux 是一款免费的操作系统，可以通过网络或其他途径免费获得，并且支持多种硬件平台。本章将介绍不同电脑类型的 Linux 安装方法。

实验目的

1. 安装 Linux 系统。

2. 熟悉 Linux 操作系统的基本操作和常用命令。

在安装系统之前，首先要区分电脑的类型，本书分以下几种情况进行讨论：

A　MBR 传统 bios＋单硬盘

B　MBR 传统 bios＋双硬盘（SSD 固态硬盘＋机械硬盘）

C　UEFI 新式 bios＋单硬盘

D　UEFI 新式 bios＋双硬盘（SSD 固态硬盘＋机械硬盘）

E　以上任意一种情况＋电脑有特殊独立显卡

首先要确认自己的电脑是 MBR 还是 UEFI：

“win＋r”输入“msinfo32”回车确认，出现一些信息，其中的 bios 模式后面是“传统”则为 MBR，是“UFEI”则为 UEFI。

下一步要确认自己的电脑是单硬盘还是双硬盘：

“此电脑”图标右键—管理—磁盘管理，如果只有磁盘 0 则为单硬盘，有磁盘 0 和 1 则为双硬盘。

针对之前说过的 ABCDE 5 种情况，每一种的安装方法都有一定的区别，一定要按自己电脑对应的情况对号入座，不然会失败，甚至产生无法挽回的问题。大家装系统前尽量备份自己的重要数据。

清楚电脑是什么情况后，对号入座就行。

2.1 情况 A MBR 传统 bios+单硬盘

2.1.1 准备

安装 Ubuntu 首先需要准备以下工具以及安装包:

1. Ubuntu 系统安装镜像。

2. 刻录软件,推荐软碟通,会提示注册,选择继续试用就好。

3. 一个大于 2G 的 U 盘。

4. EasyBCD 软件,用作系统引导。

注意:只有 MBR 用 EasyBCD,UEFI 不需要,网上有 UEFI 系统用其他 UEFI 专用软件(类似 MBR 用的 EasyBCD 软件)按照类似于 MBR 的安装教程装双系统的。

下面的方法是 MBR 用 Windows 作引导,UEFI 用 Ubuntu 作引导。用 Ubuntu 引导的,要删除 Ubuntu 时直接到 Windows 10 磁盘管理里删除 Ubuntu 的卷即可。但是,UEFI 创建的 EFI 系统分区没办法删除,可用 DiskGenius 软件删除。

2.1.2 安装

步骤一:在 Windows 10 系统下创建空白磁盘分区。

1. 回到桌面,鼠标右键点击“此电脑”,选择“管理”。

2. 进入后选择“磁盘管理”。

3. 选择最后一个磁盘空间的磁盘,比如 C、D 两个盘的最后一个盘是 D 盘(C、D、E 盘的最后一个盘是 E 盘,C、D、E、F 盘的最后一个盘是 F 盘,以此类推),右键点击该磁盘,选择“压缩卷”,结果如图 2-1。

4. 然后是分区,如果大小不够就腾一腾空间,保证最后一个盘有 40～50G 的空余空间;如果空间足够,强烈建议 60G、80G、100G 或 120G 等(大一点更好)。换算成“兆(M)”之后输入,点击“压缩”,然后等待,压缩后会发现多出一块未分区磁盘(黑色分区)。如果选择的压缩大小是 50G,则黑色的应该是 50G 可用空间。如果遇到最后一个盘刚好很小,40G 都分不出来的情况,可以使用 DiskGenius 软件从其他盘分一点过来,具体不在这里阐述,可自行搜索资料。

磁盘分区到此结束,现在进行第二步。

步骤二:用软碟通将 Ubuntu 的镜像写入 U 盘。

1. 安装并打开软碟通,插上 U 盘,使用该 U 盘前,要备份 U 盘上的数据,因为

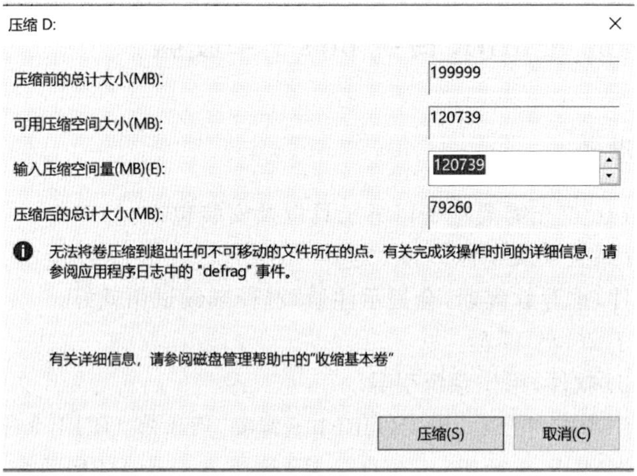

图 2-1　新加卷

之后需要进行格式化。

2. 进入软碟通，进行如下操作：选择"文件"，打开下载的 Ubuntu 所在的目录，选择 Ubuntu 镜像（改成选择自己的 Ubuntu 镜像即可），双击打开，如图 2-2、图 2-3。

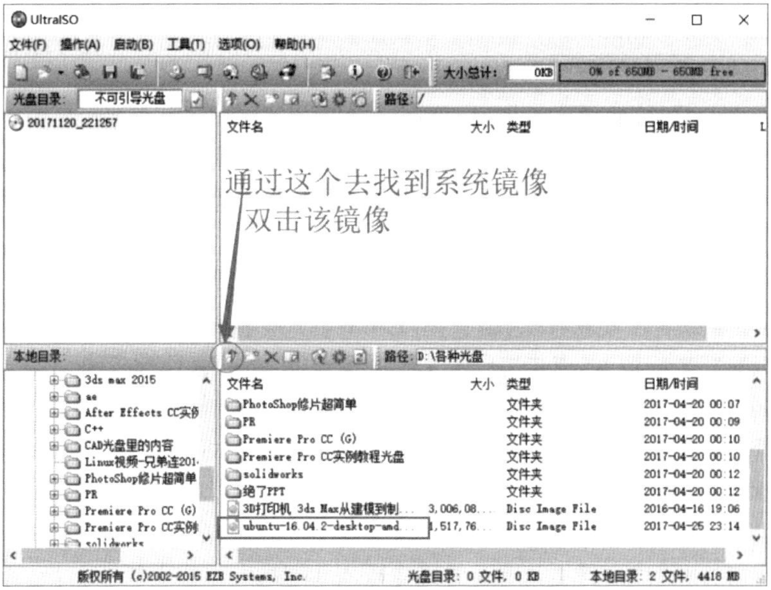

图 2-2　软碟通 Ubuntu 镜像

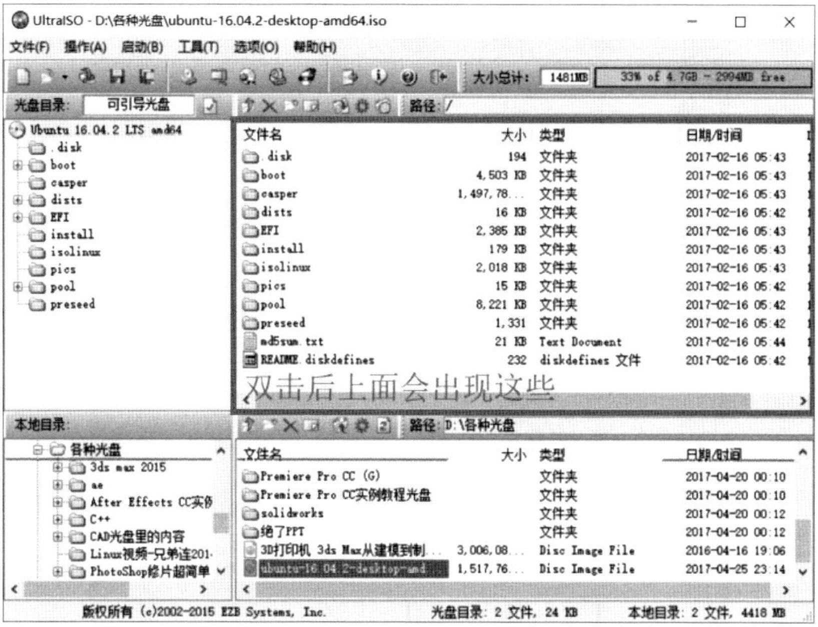

图 2-3　Ubuntu 镜像中的文件

3. 在软碟通界面菜单栏选择“启动”，选择“写入硬盘映像”，如图 2-4 所示。

图 2-4　选择“写入硬盘映像”

进入以后界面如图 2-5。

图 2-5　写入硬盘映像界面

(1)检查硬盘驱动器是否对应的是 U 盘,一般情况下默认是,否则需自行修改。

(2)看映像文件是否对应 Ubuntu 镜像。

(3)如果上述均没有错误,选择“格式化”,之后就会格式化 U 盘。

(4)在 U 盘格式化完毕后,选择“写入”,之后就是慢慢等待,等待写入完毕。

(5)步骤二完毕。

步骤三:使用 U 盘安装系统。

因为每个厂商的计算机 boot 启动的快捷键不相同,所以如果无法进入接下来的 boot 界面,需要自行搜索如何进入 boot 界面,也就是进 bios。

1. 重启电脑,开机进 bios,在 boot manager 里关 secure boot(有些 secure boot 在另外的位置,自己找找),然后启动选择 USB,回车确认。

2. 之后就进入 Ubuntu 的安装界面了,此时选择“Install Ubuntu”。

3. 进入欢迎界面,系统不同界面会有些差异。

4. 然后选择右边的界面,往下拉会有中文选择。

5. 安装 Ubuntu。装系统时不要选择联网,否则边装边下载很慢。

6. 选择继续。这一步很关键，一定要选择“其他选项”，切记，我们进行手动分区，然后进入图 2-6 所示界面。里面会有一个空闲分区，也就是我们之前所创建的那个分区。

图 2-6 手动分区

在这里，我们简单介绍一下关于 Linux 分区的知识。首先，Linux 分区和 Windows 分区是不一样的，Linux 是以文件形式作为分区；其次，分区就像划分磁盘大小一样，在这里假设你划分的空盘分区为 60G，那么我们可以按照以下分区进行划分。

点空闲盘符，点击“+”进行分区，分区如下：

(1)/boot：这个是实现双系统的原因，也是用于启动 Ubuntu 的目录，里面会有系统的引导。这个文件其实只有几十兆，但是我们建议将其划分为 200M，文件格式为 ext4。这个分区必不可少。

(2)swap：这个是 Linux 也就是 Ubuntu 的交换区目录，一般大小为内存的 2

倍左右，主要用途是在电脑内存不足的情况下，系统调用这片区域来运行程序。我们可以将其分为4G，把ext4换成交换空间，英文为swap。

(3)/：这是Linux也就是Ubuntu的根目录，就用一个反斜杠表示，相当于Windows的C盘。我们将其分为10G，文件格式为ext4。条件允许的话，可以大一点，可以是20G，毕竟Ubuntu安装软件默认是装在这里的，大一点也许能省去后面隐藏的麻烦。

(4)/home：这是Ubuntu的“其他盘”，这个也可以说是我们的个人目录，相当于Windows的其他盘，为了让我们自己的目录大一点，剩下的全分给它，文件格式为ext4。

7. 依然在这个界面上，选择“安装”启动下拉菜单，看刚刚创建的/boot文件，看这个区前面的编号是多少，不同的计算机在这个上面会有不同的编号，也就是选root对应的编号。然后在启动的下拉菜单中找到对应编号(例如sda1，可能是sda5、sda6等，具体看自己电脑/boot对应的是什么)，选择它，切记一定是/boot的编号，接下来选择“开始安装”。

8. 选择“继续”，进入下一步操作，设置地区不重要，按你需要设置，也可以直接继续，不影响安装，在下一步操作中选择键盘布局。

9. 键盘布局选择“默认”，建议选择默认英文(默认中文也行)。

10. 设置系统用户，自己设置输入即可。

11. 系统开始安装，安装完毕后会出现“欢迎使用Ubuntu”界面。

当这些操作全部完成后，电脑会重启。此时会发现直接进入了Windows系统，这是因为我们把它的引导分到/boot分区了。为了解决这个问题，我们要用EasyBCD来给它创建启动时候的选择系统是Windows还是Ubuntu。

步骤四：用EasyBCD引导Ubuntu。

1. 在Windows下安装EasyBCD，打开后的界面如图2-7所示，选择“添加新条目”。

2. 得到图2-8所示界面，选择有企鹅图标的“Linux/BSD”选项，在磁盘驱动器的下拉菜单选择以Linux开头、大小为200M左右选项。

3. 选择好后，添加条目，重启电脑后就会发现Ubuntu和Windows的双系统安装完成了，它会让你选择系统。

4. 到此，Ubuntu安装完成。

当不再需要Ubuntu的时候，直接在Window磁盘管理里删除它所在的分区，然后在EasyBCD里删除它的引导，不会影响Windows系统。

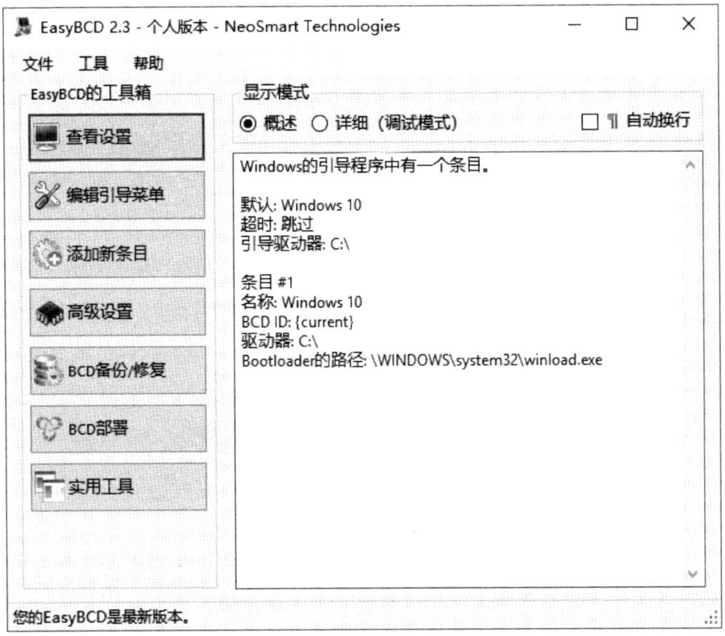

图 2-7　EasyBCD 引导 Ubuntu

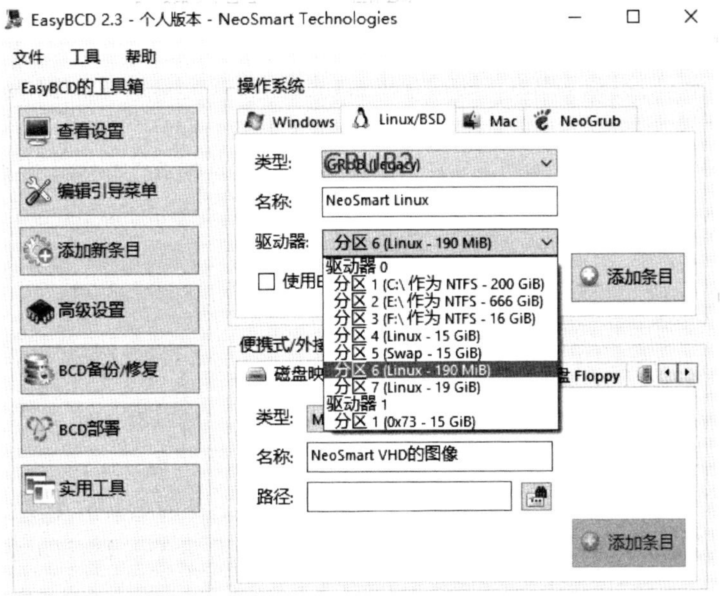

图 2-8　选择磁盘驱动器

2.2 情况B MBR传统bios+双硬盘

这种情况安装方法参考情况A,区别就是用最后一个硬盘的最后一个盘分出40～50G,其他步骤相同。

MBR这种类型已经很老了,可能装系统时会出现无法安装的情况,可能会遇到各种问题导致安装失败,可以尝试安装。如果实在无法安装,解决方法就是给电脑先重装系统,装成UEFI的系统,然后参照以下UEFI的方法装双系统。如果出现这种情况,建议直接重装Windows系统。

2.3 情况C UEFI新式bios+单硬盘

2.3.1 准备

安装Ubuntu首先需要准备以下工具以及安装包:

1. Ubuntu系统安装镜像。

2. 刻录软件,推荐软碟通,会提示注册,选择继续试用就好。

3. 一个大于2G的U盘。

注意:只有MBR用EasyBCD,UEFI不需要,网络上有UEFI系统用其他UEFI专用软件(类似MBR用的EasyBCD软件)按照类似上述MBR安装方法的教程。本书中介绍的方法是MBR用Windows作引导,UEFI用Ubuntu作引导。需要删除Ubuntu时,直接到Windows 10磁盘管理里删除Ubuntu的卷即可。但是UEFI创建的EFI系统分区没办法直接删除,可以使用DiskGenius软件进行删除。

2.3.2 安装

步骤一:在Windows 10系统下创建空白磁盘分区。

1. 回到桌面,鼠标右键点击“此电脑”,选择“管理”。

2. 进入后选择“磁盘管理”,结果如图2-9。

3. 选择最后一个磁盘空间的磁盘,比如C、D两个盘的最后一个盘是D盘(C、D、E盘的最后一个盘是E盘,C、D、E、F盘的最后一个盘是F盘,以此类推),右键点击该磁盘,选择“压缩卷”,参见图2-1。

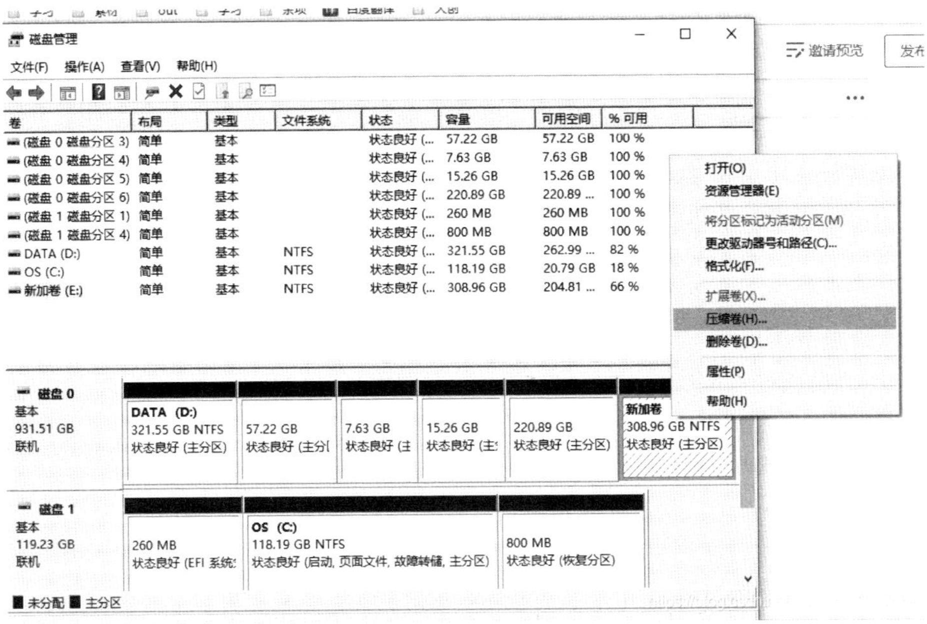

图 2-9 磁盘管理

如果大小不够就腾一腾空间，保证能分出 40～50G 的空余空间；如果磁盘空间足够，强烈建议多分一点，比如 60G、80G、100G 或者 120G，多分一些可以避免后面使用中遇到空间不足的问题。如果你的最后一个盘空间并没有这么大，那么你需要从别的盘分一些空间过来，这个过程会用到之前提到的 DiskGenius 软件，这里不详细说明如何操作，可以自行搜索教程。最终结果：压缩后会发现多出一块未分区磁盘（黑色分区），如果选择的压缩大小是 50G，则黑色的分区应该是 50G 可用空间。

磁盘分区到此结束，现在进行第二步。

步骤二：用软碟通将 Ubuntu 的镜像写入 U 盘。

1. 安装并打开软碟通，插上 U 盘，并且最好备份 U 盘上的内容，因为之后的步骤中需要对 U 盘进行格式化。

2. 进入软碟通，选择文件，并打开下载的 Ubuntu 所在的目录，选择 Ubuntu 镜像（改成选择自己的 Ubuntu 镜像即可），双击打开，参见图 2-2、图 2-3。

3. 在软碟通界面菜单栏选择“启动”，选择“写入硬盘映像”。进入以后界面见图 2-5。

（1）看硬盘驱动器是否对应的是 U 盘。

(2)看映像文件是否对应Ubuntu镜像。

(3)如果上述均没有错误,选择“格式化”,之后就会格式化U盘。

(4)在U盘格式化完毕之后,选择“写入”,之后就是慢慢等待,等待写入完毕。

(5)步骤二完毕。

步骤三:使用U盘安装系统。

1. 重启电脑,开机进bios,在boot manager里关secure boot(有些secure boot在另外的位置,需要根据自己的情况而定),然后启动选择USB,回车确认(不同的计算机厂商boot启动的快捷键不同,可以自行搜索自己的计算机如何进入boot界面,即进bios)。

2. 之后就进入Ubuntu的安装界面了,选择“Install Ubuntu”。

3. 进入欢迎界面,系统不同界面会有些差异。

4. 然后选择右边的界面,往下拉会有中文选择。

5. 安装Ubuntu。装系统时不要选择联网,否则边装边下载很慢。

6. 选择继续。这一步很关键,一定要选择“其他选项”,切记,因为我们要进行手动分区。如果选择第一个选项,系统会自动找到空白分区进行安装。但是这样装完之后,磁盘基本上都会分给根目录,这样相当于系统只有C盘,之后你的任何文件都只能存放在这个盘。试想你的文件存放在了系统盘,会造成很多问题,因此建议按照步骤来进行手动分区。

参见图2-6所示,里面会有一个空闲分区,也就是我们之前所创建的那个分区。

这里介绍一下关于UEFI的Linux分区:

Linux分区和Windows分区是不一样的,Linux是以文件形式作为分区。就像划分磁盘大小一样,假设我们划分的空盘分区为80G,可以将其分为以下几个分区(点空闲盘符,点击“+”进行分区)。

(1)efi:这个是实现双系统的原因,也是用于启动Ubuntu的目录,里面会有系统的引导。这个文件其实只有几十兆,但是我们建议将其划分为200M,文件格式为efi。这个分区必不可少(这里就是MBR和UEFI的区别,不需要/boot)。

(2)swap:这个是Linux也就是Ubuntu的交换区目录,一般大小为内存的2倍左右,主要用途是在电脑内存不足的情况下,系统调用这片区域来运行程序。我们可以将其分为8G,文件格式选择交换空间,英文为swap。

(3) /:这是Linux也就是Ubuntu的根目录,就用一个反斜杠表示,相当于Windows的C盘。我们将其分为20G,文件格式为ext4(根据磁盘空间调整,可以大一点,因为Ubuntu装软件都是默认装在根目录的)。

(4) /home:这是 Ubuntu 的“其他盘”,相当于 Windows 的其他盘。为了让我们自己的目录大一点,剩下的全分给它,文件格式为 ext4。

7. 选择“安装”启动下拉菜单,看刚刚创建的/boot 文件,看这个区前面的编号是多少,此处是/dev/sda1,不同的计算机在这个上面会有不同的编号,也就是选 root 对应的编号。然后在启动的下拉菜单中找到对应编号(例如 sda1,可能是 sda5、sda6 等,具体看自己电脑/boot 对应的是什么),选择它,切记一定是/boot 的编号,接下来选择“开始安装”。

8. 选择“继续”,进入下一步操作,设置地区不重要,按你需要设置,也可以直接继续,不影响安装,在下一步操作中选择键盘布局。

9. 键盘布局选择“默认”,建议选择默认英文(默认中文也行)。

10. 设置系统用户,自己设置输入即可,例如姓名英文字母。

11. 选择要导入的账号,这个可选可不选,点“继续”(有些安装过程没有这一项,略过)。

12. 系统开始安装,等安装完毕就可以了(图 2-10)。

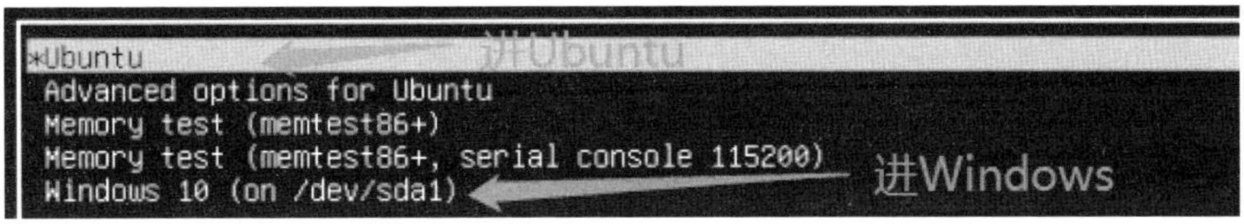

图 2-10 选择进入的系统

当这些操作全部完成后,电脑会提醒重启,此时把 U 盘拔了,点“重启”。

如果系统卡死,就强制关机,重启就可以了。

13. 如果装完之后重启,发现卡死在启动界面动不了,这很可能是你的电脑有特殊独立显卡,Ubuntu 系统下缺少驱动导致,遇到这种情况可自行上网搜索解决方案。

2.4 情况 D UEFI 新式 bios+双硬盘

情况 D 的装法和 UEFI 新式 bios+单硬盘基本一样,唯一的差别是一开始分区的时候在 SSD(也就是 Windows 的 C 盘)分 200M 的空间来安装启动项。因为启动项“必须”在电脑的第一个磁盘,也可以装在其他磁盘(装好后进系统要从 boot 里面选择 Ubuntu 启动,比较麻烦,不推荐)。在机械硬盘分 60~80G(可以更大,100G、120G 或者 150G,只要磁盘容量充足,也许会省去后面不少隐藏的麻烦)，SSD 分的 200M 空间放在 EFI，其他的就放在另外的 60～80G 里面。其余步骤与情况 C 完全一样。

2.5 以上任意一种情况＋电脑有特殊独立显卡

这种情况需要注意，装好系统后先不要点重启。

进设置，在软件和更新里的驱动列表选择合适的驱动安装，装好驱动后再重启。

第 3 章 Linux 基础操作

Linux 系统是我们学习 ROS 必不可少的基本操作系统，上一章我们已经学习了怎么安装 Linux 系统，这一章我们将会进一步学习和了解 Linux 系统。我们使用 Ubuntu 来运行 ROS，因此需要对 Linux 的操作有一些了解，相关知识涉及很多，本章仅介绍部分会用到的 Linux 基础指令。

实验目的

1. 学会安装 Ubuntu。

2. 学会用终端读取文件。

3.1 Linux 入门简介

与 Windows、Mac OS 一样，Linux 是一款操作系统，它免费、开源、高效而稳定。尽管很多非专业人士可能根本不知道它，但它无处不在，从手机、智能家居、汽车到服务器、超级计算机，它可以算地球上最流行的平台之一了。

Linux 最初由芬兰人林纳斯·托瓦兹(Linus Torvalds)在 1991 年编写，刚编写完的 Linux 0.02 内核只是可以驱动 386sx 兼容微机所有硬件并读取 Minix 的文件系统而已。通过托瓦兹和虚拟团队的努力，Linux 内核加入了许多的功能，并在 1994 年推出了 1.0 正式版。在这股开源力量的加持下，通过数 10 年的发展，2019 年 Linux 已经进入 5.0 时代。关于 Linux 相关的历史，Unix、GNU 计划和自由软件等，真是可以写一本小书了，在此不加赘述，感兴趣的不妨自行上网了解。通过了解，你就会感叹那真是一段天才辈出的“历史时期”。

Linux 其实就是一个操作系统最底层的内核及其提供的内核工具。你可以在 https://www.kernel.org/下载各种版本的 Linux 内核。Linux 仅具有内核和内核所提供的工具，普通大众很难直接玩 Linux。为了让用户能够接触 Linux，许多商业公司或团体将 Linux 内核与可运行的软件整合起来，加上自己的工具程序，推出了“内核＋软件＋工具＋可完全安装程序”的 Linux 发行版。我们将要使用的 Ubuntu 就是 Linux 众多发行版当中的一个。

Ubuntu 这个名称来自非洲南部祖鲁语或豪萨语，是非洲传统的一种价值观，代表着社团关爱精神(生活在集体中，大家必须分享物品并互相关心)，“我的存在是因为大家的存在”，而这也是 Ubuntu Linux 所坚持的精神。Ubuntu 由南非人 Mark Shuttleworth 创办，基于 Debian Linux(也是 Linux 的一个发行版)，是一款以桌面应用为主的操作系统。每 6 个月会推出一个新版本，而我们将使用的 Ubuntu 16.04 LTS 是 2016 年 4 月推出的长期支持版本。如果你对 Linux 与 Ubuntu 感兴趣，建议去了解一下相关历史背景，有助于对 Linux 有一个宏观的了解。

3.2 Linux 终端

终端(terminal)可以算是我们的主战场了，不管是 Linux 指令还是 ROS 的指令，我们都是在终端里输入。Linux 的终端是控制台，是用户与内核交互的平台，通过输入指令来控制内核完成任务操作。终端也可以叫终端仿真器，它是一个程序，用于我们与 shell 交互。在介绍 shell 之前，我们不妨先打开终端，这里介绍几种常见的打开终端的方法。

(1)使用 Ctrl＋Alt＋T 快捷键打开终端。

(2)在文件夹或桌面单击鼠标右键，以当前路径打开终端。

(3)在终端中输入 gnome-terminal 也可以打开一个新终端，新的终端与当前终端的目录一致。

3.2.1 Linux 端技巧

打开的终端类似于 Windows 下的命令行程序 cmd，以下列出几个常用的打开终端的快捷键(图 3-1)。

快捷键	功能	备注
Tab	自动补全	单击补全，双击显示当前文件夹下文件
Ctrl + C	终止进程/命令	不是粘贴
Shift + Ctrl + C	复制	注意和上面终止命令的区别
Shift + Ctrl + V	粘贴	
Ctrl + L	清屏	相当于 clear
$\uparrow$	上一条命令	
$\downarrow$	下一条命令	前提是你有下一条命令

图 3-1 打开终端常用快捷键

3.2.2 什么是 shell

简单点理解，shell 就是系统跟计算机硬件交互时使用的中间介质，它只是系统的一个工具。实际上，在 shell 和计算机硬件之间还有一层“系统内核”。打个比方，如果把计算机硬件比作一个人的躯体，系统内核是人的大脑，至于 shell，把它比作人的五官似乎更加贴切。回到计算机上来，用户直接面对的不是计算机硬件而是 shell，用户把指令告诉 shell，然后 shell 再传输给系统内核，接着内核再去支配计算机硬件执行各种操作。简而言之，shell 是一个命令行解释器，用户通过 shell 向 Linux 发送请求，来运行程序、设置环境变量等。Linux 系统(由内到外)：

＊＊外层应用程序->shell 解释器->内核->硬件＊＊

Ubuntu 系统默认安装的 shell 叫作 bash(Bourne again shell)，它是 sh (Bourne shell)的增强版本。Bourne shell 的创始人叫 Steven Bourne，为了纪念他所以叫作 Bourne shell，简称 sh。

3.3 文件与目录

Linux 博大精深，可以用于大数据分析、程序设计、服务器管理等各种场合，各种场合又有不同的侧重方面，在这里我们只介绍在 ROS 使用中可能会用到的一些指令。

3.3.1 FHS 与目录树

多数 Linux 系统采用文件系统层次结构标准(filesystem hierarchy standard, FHS)。FHS 的主要目的是希望用户可以了解已安装软件通常放置在哪个目录下。FHS 主要针对目录树(directory tree)架构定义出以下三层目录应该放置什么数据。

(1)/root(根目录):其内容必须足以引导(boot)、还原(restore)、恢复(recover)和/或修复(repair)系统。此目录主要与系统相关。

(2)/usr(unix software resource):此为文件系统的第二个主要部分,是可共享的只读数据。它主要和软件安装与执行相关。

(3)/var(variable):包含变量数据文件(variable data files),例如缓存(cache)、日志(log file)等。它与程序运行过程有关。

那么,什么是目录树呢? 在 Linux 下,所有的文件与目录都是从根目录开始,再在此目录的基础上创建各个目录,如图 3-2 所示,就像一棵树一样,所以称为"目录树"。

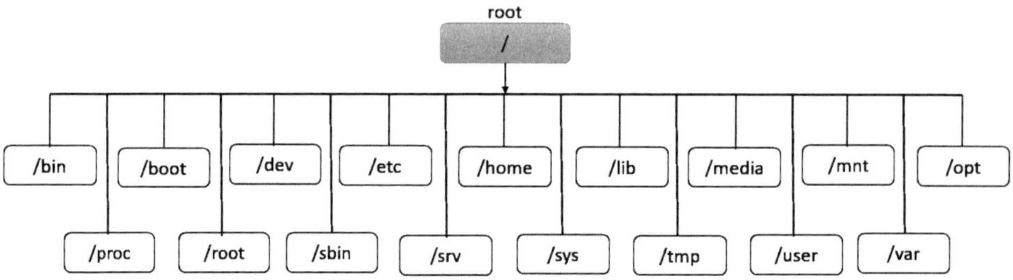

图 3-2 目录树

每个"树枝"上的文件夹都有其规定,例如/bin 下存放着最经常使用的命令,/home 是普通用户的家目录(一般的用户账号都会放在这里),/opt 是放置第三方辅助软件的目录(ROS 就安装在这个文件夹下)。其余文件的作用可以在网上自己查询,在此就不赘述了。

为了更加形象地说明目录树,我们可以在终端中输入以下命令来安装 tree:

```
sudo apt-get install tree
```

安装完成以后输入 tree,可查看当前目录下的目录树(图 3-3)。

通过以上介绍,想必你对 Linux 的文件系统有了最初的了解。需要注意的是,

终端
yzz@yzz-Ubuntu:~/kinect_ws/src/bringup $ tree
.
├── CMakeLists.txt
├── include
│   └── bringup
├── launch
│   ├── ff.launch
│   ├── kinect2_bringup.launch
│   ├── kinect2_depthimage_to_laserscan_rviz_view.launch
│   ├── kinect2_follower.launch
│   ├── kinect2_gmapping.launch
│   ├── kinect2_gmapping_navigation.launch
│   ├── kinect2_gmapping_rviz_view.launch
│   ├── kinect2_navigation.launch
│   ├── kinect2_nav.launch
│   └── kinect2_nav_rviz_view.launch
├── map
│   ├── mymap.pgm
│   ├── mymap.yaml
│   ├── testmap.pgm
│   └── testmap.yaml
├── nav_config
│   ├── base_local_planner_params.yaml
│   ├── costmap_common_params.yaml

图 3-3　当前目录下的目录树

Linux 各个目录存放的内容是规划好的，不要随意放文件，Linux 是以文件的形式管理我们的设备的，如果对当前文件目录有所困惑，不妨用一下 tree 指令。

3.3.2　文件与目录指令

现在，我们开始介绍指令，首先是常见的处理目录的指令。我们在 Ubuntu 桌面使用“Ctrl＋Alt＋T”打开终端。

注意：命令与[选项]、[目标]之间都有空格，[ ]内的东西可以没有。如果不知道[选项]里填什么，可以搜索，或者输入命令 --help 查询，例如查询 rm 的选项 rm --help。

ls：列出目录，显示当前目录下的文件与文件夹。如果你想查看修改时间等更详细的信息，可以使用 ll 命令。

```
$ ls [选项] [目录或文件]
```

cd：切换目录，用于切换工作目录的指令，例如 cd .. 回到上一级目录，cd 回到家目录。

```
$ cd [相对路径或绝对路径]
```

```
$ cd /root # 切换到 root 目录
```

pwd:显示当前目录,其显示的是当前目录的绝对路径。

```
$ cd [相对路径或绝对路径]
$ cd /root# 切换到 root 目录
```

mkdir:创建目录。

```
$ mkdir [选项] 创建的目录名
$ mkdir /catkin_ws/src# 在 catkin_ws 下创建 src 目录
```

rm:移除文件或目录,如果要删除的目录非空,可以使用 rm -rf 删除。

```
$ rm [选项] [要删除的目录]
$ rm hello.cpp# 删除 hello.cpp 文件
```

cp:复制文件或目录到指定目录。

```
$ cp [选项] 指定目录
$ cp hello.txt src/# 将 hello.txt 拷贝到 src/
```

echo:输出内容到控制台。

```
$ echo [选项] [输出内容]
$ echo $ PATH # 输出环境变量
```

mv:移动文件或重命名。

```
$ mv yesterday today# 将 yesterday 文件改名为 today
$ mv /bread /stomach# 将/bread 文件移动到/stomach 中
```

>:输出重定向,会将原来文件的内容覆盖。

```
$ ls-1 > detail.txt# 将列表的内容覆盖写入 detal.txt
```

>>:追加,不覆盖原来的内容,而是追加到文件的尾部。

```
$ ls-1 >> detail.txt# 将列表的内容写入 detal.txt 尾部
```

关于文件与目录相关的指令就介绍这么多，这些是使用 ROS 过程中经常使用的命令。如果需要了解更多命令，可以在网上查找；如果想了解指令的细节，可以通过--help 进行查看。

3.4 软件管理

3.4.1 解压缩

(1)gzip：压缩后的格式为.gz，这种压缩方式不能保存原文件，且不能压缩目录。

```
$ gzip buodo # 压缩
$ gunzip buodo.gz # 解压
```

(2)tar：可以以多种形式压缩文件。

```
#压缩
$ tar -zvcf buodo.tar.gz buodo
$ tar -jvcf buodo.tar.bz2 buodo
#解压
$ tar -zvxf buodo.tar.gz
$ tar -jvxf buodo.tar.bz2
```

(3)zip：可以压缩目录，可以保留原文件。

```
#压缩和解压文件
$ zip boduo.zip boduo
$ unzip boduo.zip
#压缩和解压目录
$ zip -r Demo.zip Demo
```

3.4.2 软件包管理

大多数流行的 Linux 发行版在包管理工具、方式和形式方面都大同小异，但还是有平台差异的(图 3-4)。

系统	格式	工具
Debian/Ubuntu	.deb	apt, apt-get, apt-cache, dpkg
CentOS	.rpm	yum
Fedora	.rpm	dnf

图 3-4　常见包在不同系统的格式

Debian 及其衍生产品(如 Ubuntu)的包格式为.deb 文件。APT 是最常见的包操作命令,而要直接安装现成的.deb 包需要使用 dpkg(全称为 Debian package)命令。

CentOS、Fedora 及 RedHat 系列 Linux 使用 RPM(全称为 RedHat package manager)包文件,并使用 yum 命令管理包文件及与软件库交互。

在 GNU/Linux(以下简称 Linux)操作系统中,RPM 和 dpkg 为最常见的两类软件包管理工具,在这里主要介绍基于 DEB 软件包的管理工具——dpkg。

3.4.3　软件包操作

(1)更新本地包数据库:大多数 Linux 都使用本地数据库来存储远程可用的包仓库列表,在安装或升级包之前最好更新一下这个数据库。

```
$ sudo apt-get update
```

(2)查找/搜索软件包:大多数 Linux 桌面版本都提供用户可搜索和安装软件包的界面,对于普通用户来说,这是找寻和安装软件的最佳方法。但对于追求效率的用户和服务器管理员来说,使用命令行工具查找/搜索软件包更加方便。

```
$ apt-cache search 搜索内容
```

(3)从软件仓库安装包:一旦我们知道某个软件包的名称,便可以使用如下命令从软件仓库安装包。

```
$ sudo apt-get install 包名
```

(4)从本地文件系统安装包:当我们从某个地方直接拿到软件包时,需要从本地文件系统直接安装包。Debian 及衍生系统可以使用 dpkg 进行安装,CentOS 和 Fedora 系统使用 yum 和 dnf 命令进行安装。

```
$ sudo dpkg -i 包名.deb
```

(5)移除已安装的包:卸载不需要的软件包之后通常可以获得一个干净的系统。

```
$ sudo apt-get remove 包名
```

第4章　ROS 系统安装

本章将介绍如何在 Ubuntu 16.04 下安装 ROS Kinetic Kame 和相关工具。

为了避免出现各种难以解决的问题，最好使用一台安装了 Ubuntu 操作系统的计算机，而不是使用虚拟机运行 Ubuntu。如果条件允许，最好使用一台纯 Ubuntu 的电脑，如果没有，可以安装双系统进行操作。

实验目的

1. 初步了解 ROS 系统。
2. 在 Ubuntu 中安装 ROS。

4.1　ROS 安装

关于 ROS 的安装，官网以及论坛上资源都比较多，但有些资源不太详细，在此讲一下在国内使用镜像源来完成 ROS 系统安装。

4.1.1　配置软件源

由于 Ubuntu 初始软件源是国外的，在国内使用较慢，为了下载软件快一些，可以更换国内软件源。例如，在这里我们在“设置”中点击“软件和更新”，将软件源换成清华大学的源，如图 4-1 所示，当然你也可以使用更加适合你的网络的源。

4.1.2　安装 ROS 桌面完整版

为了方便，我们将安装 ROS 的桌面完整版，它包含了 rqt、RViz、机器人通用库等许多工具。当然你也可以安装基础的，之后自行安装需要的工具。可以在官网中查看安装步骤，或者跟着以下步骤安装。

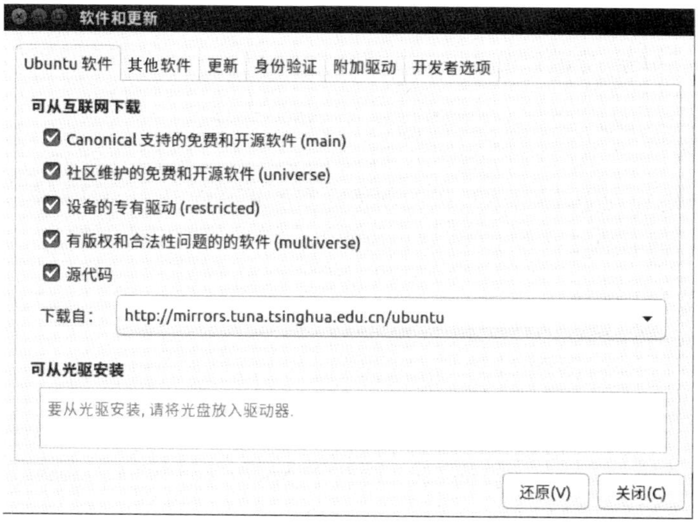

图 4-1　清华大学的源的设置

1. 打开终端，输入代码。

```
$ sudo sh -c 'echo "deb http://packages.ros.org/ros/ubuntu $ (lsb_release -sc) main" > /etc/apt/sources.list.d/ros-latest.list '&&sudo sh -c '. /etc/lsb-release
```

或输入来自中国的源：

```
$ echo "deb http://mirrors.tuna.tsinghua.edu.cn/ros/ubuntu/ 'lsb_release -cs'main" > /etc/apt/sources.list.d/ros-latest.list'
```

然后输入自己的登录密码，密码不显示，直接输入即可。

2. 添加公钥 keys，这是为了能从 ROS 存储库下载功能包。

```
$ sudo apt-key adv --keyserver 'hkp://keyserver.ubuntu.com:80 '--recv-key C1CF6E31E6BADE8868B172B4F42ED6FBAB17C654
```

3. 更新软件包索引，确保软件包索引是最新的。

```
$ sudo apt-get update && sudo apt-get upgrade
```

若无法连接到密钥服务器，可以切换手机热点或其他网络，多次尝试。

4. 安装 ROS Kinetic 桌面完整版，约 2.5G，包含 ROS、rqt、RViz、机器人通用库、2D/3D 模拟器、导航以及 2D/3D 感知。

```
$ sudo apt-get install ros-kinetic-desktop-full
```

5. 初始化 rosdep，rosdep 可以方便你在需要编译某些源码的时候为其安装一些系统依赖，同时也是某些 ROS 核心功能组件所必须用到的工具。

```
$ sudo rosdep init
$ rosdep update
```

6. 安装工具构建功能包依赖项，安装 ROS 的各种功能包的程序。

```
$ sudo apt install python-rosinstall python-rosinstall-generator python-wstool build-essential
```

7. 配置环境变量，方便后续操作。

```
$ echo "source /opt/ros/kinetic/setup.bash" >> ~/.bashrc
$ source ~/.bashrc
```

在 ROS 系统安装过程中，应注意以下 3 个问题。

1. 软件包之间的依赖关系被破坏问题。

如果出现图 4-2 所示信息：

下列软件包有未满足的依赖关系:
ros-kinetic-desktop-full : 依赖: ros-kinetic-desktop 但是它将不会被安装
依赖: ros-kinetic-perception 但是它将不会被安装
依赖: ros-kinetic-simulators 但是它将不会被安装
依赖: ros-kinetic-urdf-tutorial 但是它将不会被安装
E: 无法修正错误，因为您要求某些软件包保持现状，就是它们破坏了软件包间的依赖关系。

图 4-2　软件包之间的依赖关系被破坏

解决方法：

安装 aptitude，然后使用 aptitude 进行安装，因为 aptitude 会对依赖关系进行智能处理。

```
sudo apt-get install aptitude
sudo aptitude install <package name>
```

换下载源，尝试不同的安装源，这一点很重要。选择一个合适的安装源可以很大程度上提高下载安装的效率和成功率，这里比较推荐国内的安装源，效果比较理想。也可让系统自行选择最佳服务器，如图 4-3 所示。

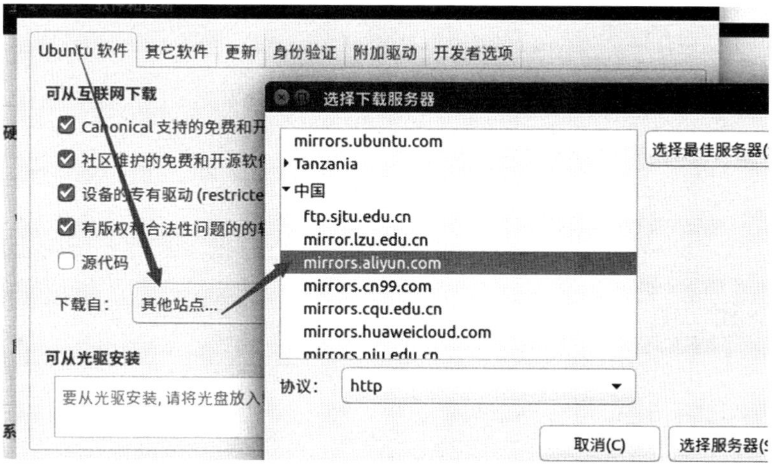

图 4-3　选择最佳服务器

点击“选择最佳服务器”。

注意在”软件和更新“界面勾选对应的选项，否则后续安装过程可能会遇到一些问题，导致无法成功安装。如图 4-4、图 4-5 所示。

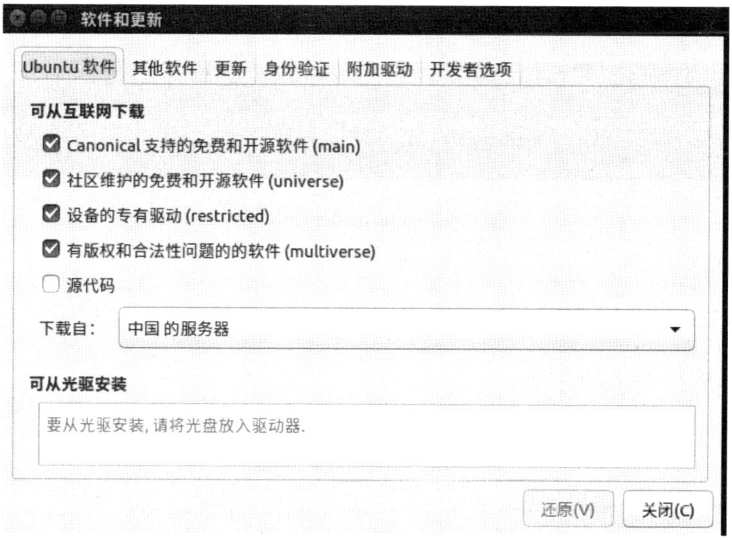

图 4-4　软件和更新界面 1

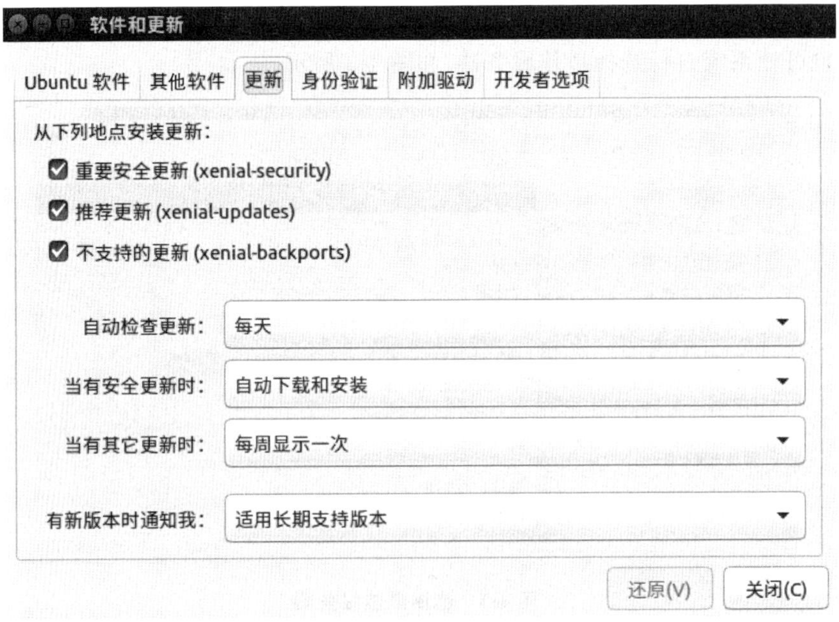

图 4-5　软件和更新界面 2

2. sudo rosdep init 报错问题。

Ubuntu 16.04 运行 rosdep init 返回 ERROR: cannot download default sources list from,如图 4-6 所示。

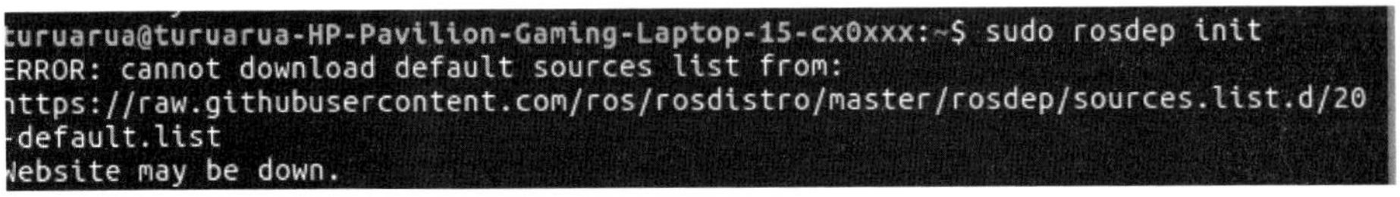

图 4-6　sudo rosdep init 报错

解决方法:

修改 hosts 文件,添加这个网站的 ip 地址,输入打开 hosts 文件命令。

```
sudo gedit /etc/hosts
```

如图 4-7 所示,打开 hosts 文件。

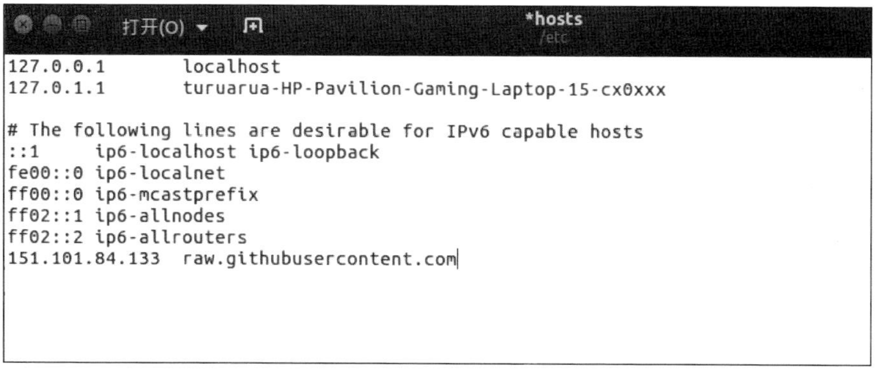

```
127.0.0.1       localhost
127.0.1.1       turuarua-HP-Pavilion-Gaming-Laptop-15-cx0xxx

# The following lines are desirable for IPv6 capable hosts
::1     ip6-localhost ip6-loopback
fe00::0 ip6-localnet
ff00::0 ip6-mcastprefix
ff02::1 ip6-allnodes
ff02::2 ip6-allrouters
151.101.84.133  raw.githubusercontent.com
```

图 4-7　打开 hosts 文件

此时在文末添加以下命令：

```
151.101.84.133   raw.githubusercontent.com
```

值得注意的是，上面的 ip 并不一定是你现在的 ip，这种方法具有时效性，因此需要预先查询网站的 ip，如图 4-8 所示。

可以通过以下网站查询：

https://githubusercontent.com.ipaddress.com/raw.githubusercontent.com

登录网站后，会看到 4 个 ipv4 的 ip 和 4 个 ipv6 的 ip，用 ipv4 的就可以。这里需要自己尝试，看看哪个 ip 放在自己的电脑里可以正确运行。有的时候需要把所有 ip 都复制进去才能正确运行，因电脑而异。

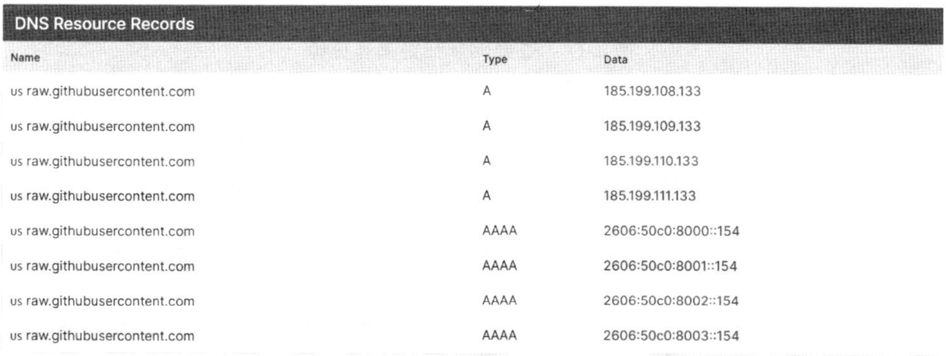

DNS Resource Records

Name	Type	Data
us raw.githubusercontent.com	A	185.199.108.133
us raw.githubusercontent.com	A	185.199.109.133
us raw.githubusercontent.com	A	185.199.110.133
us raw.githubusercontent.com	A	185.199.111.133
us raw.githubusercontent.com	AAAA	2606:50c0:8000::154
us raw.githubusercontent.com	AAAA	2606:50c0:8001::154
us raw.githubusercontent.com	AAAA	2606:50c0:8002::154
us raw.githubusercontent.com	AAAA	2606:50c0:8003::154

图 4-8　ip 地址查询

保存后退出再尝试，重新输入指令即可。

3. rosdep update 报错问题。

执行 rosdep update 命令时(图 4-9)，可能会遇到图 4-10 所示的问题。

Wrote /etc/ros/rosdep/sources.list.d/20-default.list
Recommended: please run
rosdep update
turuarua@turuarua-HP-Pavilion-Gaming-Laptop-15-cx0xxx:~$ rosdep update

图 4-9　执行 rosdep update 命令

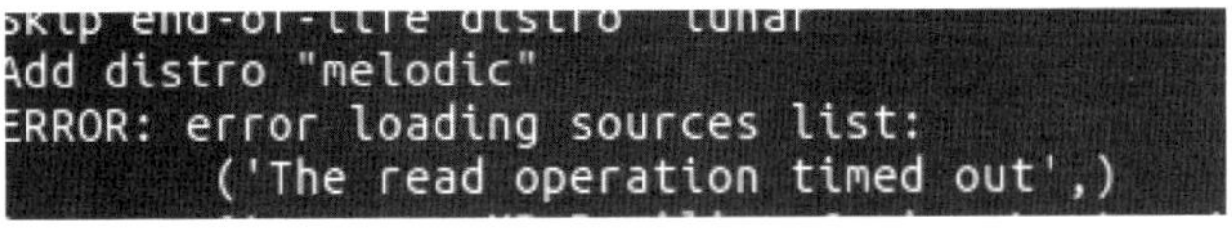
Add distro "melodic"
ERROR: error loading sources list:
('The read operation timed out',)

图 4-10　“The read operation timed out”报错

出现这种情况反复尝试无果的话，可以换一个网络试试，或者连 4G 重新尝试，基本上可以解决。

如果以上问题都已经顺利解决，执行完所有步骤之后，可以查看一下环境配置是否正确，如图 4-11 所示。

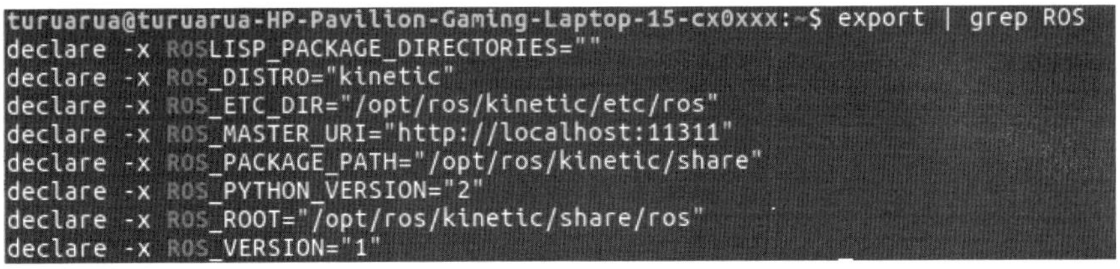
turuarua@turuarua-HP-Pavilion-Gaming-Laptop-15-cx0xxx:~$ export | grep ROS
declare -x ROSLISP_PACKAGE_DIRECTORIES=""
declare -x ROS_DISTRO="kinetic"
declare -x ROS_ETC_DIR="/opt/ros/kinetic/etc/ros"
declare -x ROS_MASTER_URI="http://localhost:11311"
declare -x ROS_PACKAGE_PATH="/opt/ros/kinetic/share"
declare -x ROS_PYTHON_VERSION="2"
declare -x ROS_ROOT="/opt/ros/kinetic/share/ros"
declare -x ROS_VERSION="1"

图 4-11　查看环境配置是否正确

如果都没有问题，那么恭喜你，ROS 系统安装成功！

4.1.3　测试安装结果

安装完成后，可以打开新的终端，输入 roscore 运行主节点来测试是否安装正确。如出现图 4-12 所示界面，说明安装成功。

注意以上几点之后，基本上 ROS 安装应该算比较顺利而简单的一个过程。此外，大家可以做一个简单的 ROS 小实验，更好地检验一下自己安装的 ROS 能否正常运行。接下来给大家介绍一下著名的 ROS 小实验——进击的小海龟。

roscore http://mini-V200:11311/
Press Ctrl-C to interrupt
Done checking log file disk usage. Usage is <1GB.
started roslaunch server http://mini-V200:36581/
ros_comm version 1.12.14
SUMMARY
========
PARAMETERS
 * /rosdistro: kinetic
 * /rosversion: 1.12.14
NODES
auto-starting new master
process[master]: started with pid [8328]
ROS_MASTER_URI=http://mini-V200:11311/
setting /run_id to 08b83ee2-0ffa-11ea-9096-b0c0900822b5
process[rosout-1]: started with pid [8341]
started core service [/rosout]

图 4-12　验证 ROS 安装是否正确

首先，打开终端，启动 ROS master：

$ roscore，回车

然后，输入：

$ rosrun turtlesim turtlesim_node，回车

此时会弹出一个 Turtlesim 窗口，如图 4-13 所示。

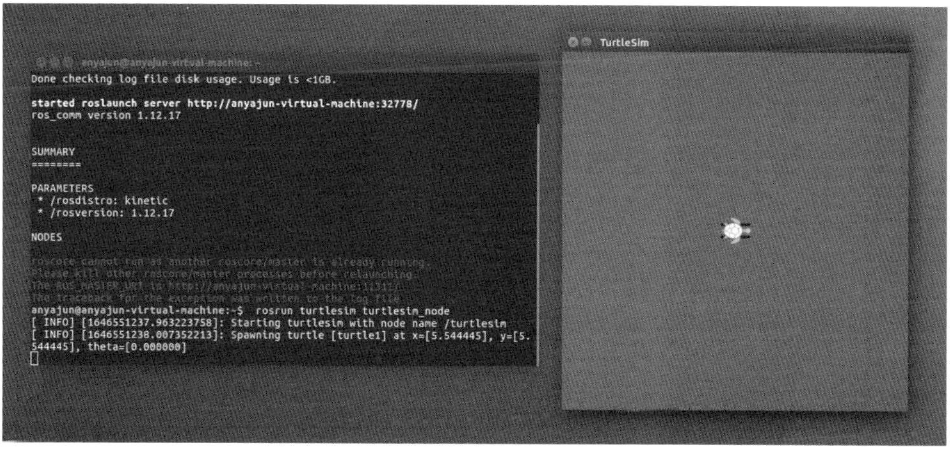
TurtleSim
Done checking log file disk usage. Usage is <1GB.
started roslaunch server http://anyajun-virtual-machine:32778/
ros_comm version 1.12.17
SUMMARY
========
PARAMETERS
 * /rosdistro: kinetic
 * /rosversion: 1.12.17
NODES
anyajun@anyajun-virtual-machine:~$ rosrun turtlesim turtlesim_node
[INFO] [1646551237.963223758]: Starting turtlesim with node name /turtlesim
[INFO] [1646551238.007352213]: Spawning turtle [turtle1] at x=[5.544445], y=[5.544445], theta=[0.000000]

图 4-13　Turtlesim 窗口

最后，重新打开一个终端，输入：

```
$ rosrun turtlesim turtle_teleop_key
```

现在大家就可以通过方向键控制小海龟了！在这里我们只做简单介绍，在之后章节的学习中大家会了解其中的工作原理。

总流程如图 4-14 所示。

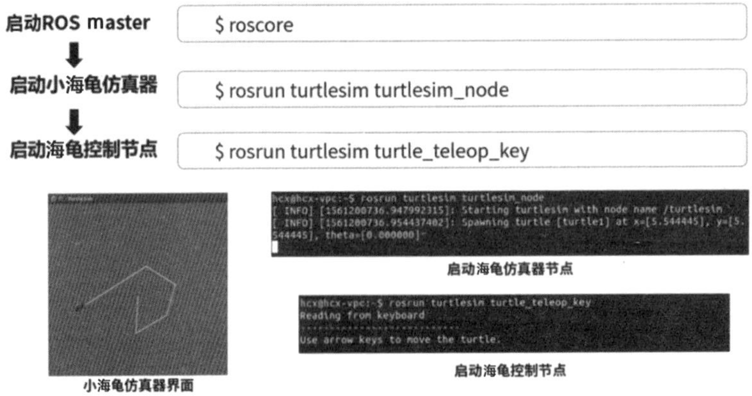
启动ROS master
$ roscore
启动小海龟仿真器
$ rosrun turtlesim turtlesim_node
启动海龟控制节点
$ rosrun turtlesim turtle_teleop_key
启动海龟仿真器节点
启动海龟控制节点
小海龟仿真器界面

图 4-14　小海龟仿真流程

4.2　集成开发环境安装

集成开发环境(integrated development environment，IDE)是用于提供程序开发环境的应用程序，一般包括代码编辑器、编译器、调试器和图形用户界面等工具。它集成了代码编写功能、分析功能、编译功能、调试功能等一体化的开发软件服务套。

由于 ROS 中许多类型名称很长，很难记，为了提高开发效率，推荐使用一款 IDE 来辅助开发。像万能的 Eclipse、“最好的编辑器”VSCode、大神级别的 Vim 和 Emacs 等都可以用于 ROS 开发，可以参考网站 http://wiki.ros.org/IDEs 内容，来配置 IDE。

本书将使用 RoboWare-Studio(图 4-15)进行开发。这款 IDE 基于 VSCode 编写，专门用于 ROS 开发，还可以自动更新依赖，较为方便，并且是国产中文版本。虽然它已经很久没有更新了(最新的版本为 2018 年 6 月发布的 1.2.0)，甚至官网都打不开了，但依然可以下载软件安装包以及使用手册。

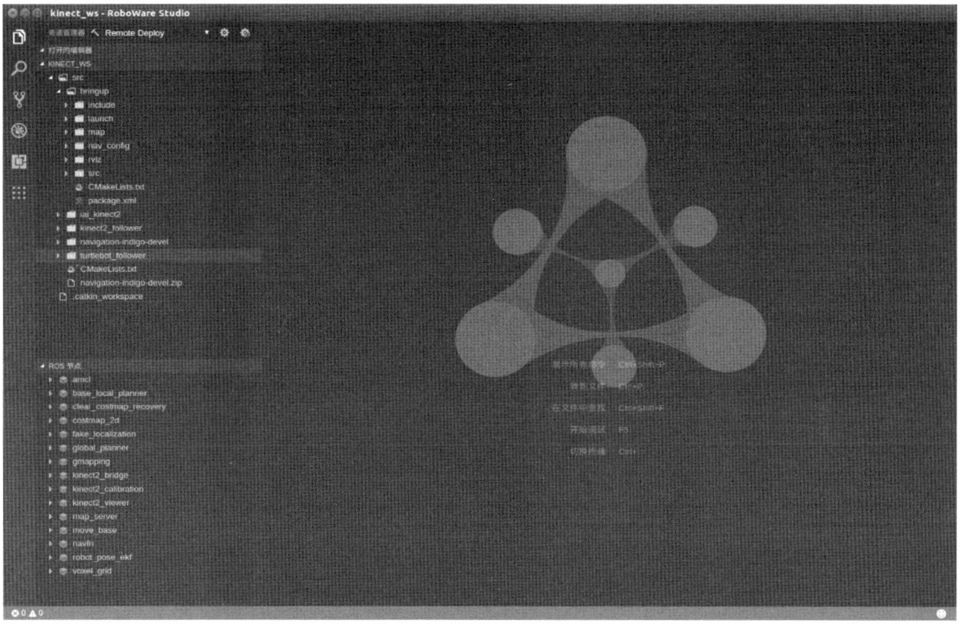

图 4-15　RoboWare-Studio 界面

如果在虚拟机上无法打开上述网页，可先在电脑上打开，下载软件安装包以及使用手册，将下载的压缩包复制粘贴到虚拟机的“/home/下载/”路径下，然后在软件包目录下打开终端，输入以下命令即可安装。

```
$ sudo dpkg -i roboware-studio_<version>_<architecture>.deb
```

注意上面的<version>和<architecture>要对应好你下载的 RoboWare 的版本和架构。

出现用户协议界面后，如果不感兴趣可以直接按 ESC 键，然后出现“您是否接受上述协议？”，选“是”，回车，然后就会自动开始安装。

打开软件后可能会提示 git 不是最新版本，依次执行下面的命令即可更新至最新版。

```
$ git --version
$ sudo add-apt-repository ppa:git-core/ppa
$ sudo apt-get update
$ sudo apt-get install git
```

```
$ git --version
```

注意：RoboWare-Studio 1.2.0 的 amd64 和 i386 版本分别是 64 位和 32 位版本，请根据你的计算机进行选择。目前，该软件暂不支持 arm 架构。

完成安装后就可以在终端输入 roboware-studio 来打开 IDE。

第 5 章　ROS 基础操作

本章开始介绍 ROS 的基础操作，到 2017 年的 ROS 版本，每一个版本的 ROS 都伴随着一个海龟吉祥物。在本章，我们将首先介绍一些 ROS 的常用概念、工具和命令，之后完成一个小海龟实验。

实验目的

1. 了解 ROS 常用的命令和工具。
2. 学会使用 Gazebo 和 RViz。
3. 实现小海龟的仿真。

5.1　ROS 常用概念

首先，我们来具体介绍这些概念。ROS 的基本概念分为 3 个层面。

(1)文件系统层(filesystem level)：包括功能包、元功能包、功能包清单等在硬盘上会看到的 ROS 资源。

(2)计算图层(computation graph level)：包括节点、主节点、话题、服务、消息等，它们以不同的方式向计算图提供数据，而计算图则是用来处理 ROS 进程的点对点网络。

(3)社区层(community level)：包括 ROS 发行版、Wiki、代码仓库等，用户可以从这些地方获得支持。

ROS 中的很多术语，初次接触可能并不是很好理解，本书作为一本实验指导书，只介绍我们后续可能会接触到的部分，其余的大家可以自行翻阅参考资料进行学习。

5.1.1 ROS常用术语

1. 主节点

主节点(master),也叫节点管理器,通常使用roscore运行,负责节点到节点的连接和消息通信。它注册了每个节点的名字,让各个节点可以彼此定位,从而进行通信。如果没有它,节点之间就无法进行交流。ROS中只允许存在一个主节点。

2. 节点

节点(node)是执行任务的进程,可以看作是一个可执行程序。例如,小海龟实验中,运行海龟的turtlesim就是一个节点,进行键盘控制的teleop_turtle也是一个节点。一个系统一般由多个节点组成,例如,机器人中,一个节点控制深度传感器,一个节点控制电机,一个节点执行定位,一个节点进行路径规划……这一个个单一功能的节点组合起来,就成为一个复杂的系统。你可以使用rqt_graph查看各个节点之间的关系。

节点在运行的同时,向主节点注册节点的名称,并且注册发布者(publisher)、订阅者(subscriber)和服务器(server)。

3. 消息

消息(message)是一种简单的数据结构,例如常见的整型、浮点型、布尔型变量,以及用户自定义的简单数据结构。节点之间就是通过消息来发送和接收数据的。节点之间的消息通信方式分为3种:话题、服务和动作,不同的通信方式又有不同的消息文件(图5-1)。

方式	区别	消息文件	说明
话题	异步单向	msg	单向发送/接收信息
服务	同步双向	srv	双向消息请求/响应
动作	异步双向	action	双向消息目标/结果/反馈方式，需要中途反馈值

图5-1 3种通信方式:话题、服务和动作

4. 话题

话题(topic)中,节点分为发布者和订阅者。发布者在主节点上注册了自己的话题等信息,订阅者节点也在主节点上注册自己希望接收的话题等信息。主节点像一个"媒人"一般,让订阅者节点直接与发布者节点联系,接收其消息。这是一种异步的通信方式，常用于发送和接收联系消息，例如连续发送消息的传感器。虽然主节点充当“媒人”的功能，但不能把发布者和订阅者比作男方和女方，因为它们并不是“一夫一妻”制，一个节点可以成为多个发布者，同时也可以成为多个订阅者。

5.1.2 ROS 文件系统

和介绍 Linux 一样，我们也会介绍 ROS 的文件系统。在此之前，先创建一个工作区间。在根目录下创建一个名为 learning_ws 的文件夹，并初始化为工作空间：

```
$ mkdir -p ~/learning_ws/src
$ cd ~/learning_ws/src/
$ catkin_init_workspace
```

创建完成后，编译整个工作空间：

```
$ cd ~/learning_ws/
$ catkin_make
```

编译完成后，可以运行 devel 文件夹下的 setup. bash 脚本来设置环境变量，但是这个环境变量只在当前终端生效，可以将其加入. bashrc 文件，来让其在所有终端生效，就像我们在安装 ROS 时做的那样。

```
$ source devel/setup.bash # 当前环境生效
$ echo "source ~/learning_ws/devel/setup.bash" >> ~/.bashrc # 所有终端生效
```

接下来，我们创建一个名为 test_pkg 的功能包，其依赖项是 roscpp。

```
$ cd ~/learing_ws/src/
# catkin_create_pkg[功能包名称][依赖功能包 1][依赖功能包 n]
$ catkin_create_pkg test_pkg roscpp
```

创建完成后，即可查看功能包的结构。

注意：同一个工作空间，不能有两个相同名称的功能包；功能包里面不能再创建另一个功能包。

5.2 ROS 常用工具

在通过 ROS 构建或使用机器人时，我们需要很多工具对机器人进行可视化操作，并构建 3D 环境。通过为机器人建立统一的描述格式(unified robot description format，URDF)文件，使其能够被 ROS 中的 RViz 和 Gazebo 等工具可视化和控制。借助这些工具，我们能够在构建机器人时直观地看到 URDF 文件，并控制机器人模型在模拟的 3D 环境中移动。下面我们主要介绍 rqt、RViz 和 Gazebo 3 种常用工具。

5.2.1 rqt

这是一个基于 Qt 的 ROS GUI 工具箱，我们之前使用的 rqt_graph 就属于其中的一个。

1. rqt_graph

输入 rqt_graph 启动，用于可视化 ROS 的计算图(图 5-2)。

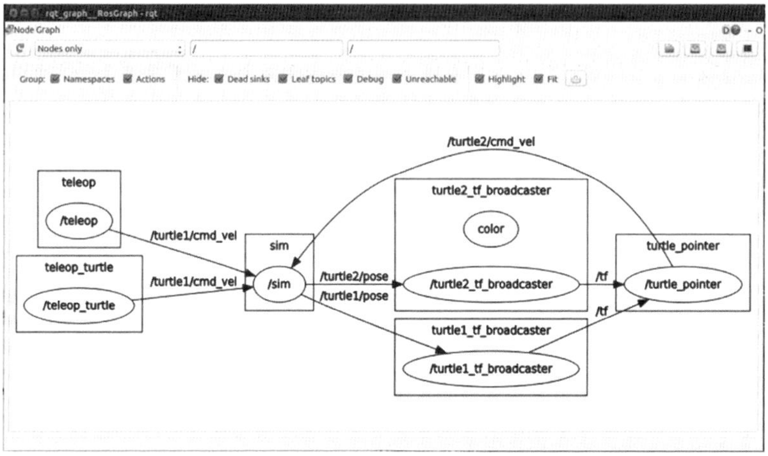

图 5-2 可视化 ROS 的计算图

2. rqt_plot

输入 rqt_plot 运行，用于绘制二维数值曲线。例如，在小海龟实验中，绘制 x 和 y 坐标变化(图 5-3)。

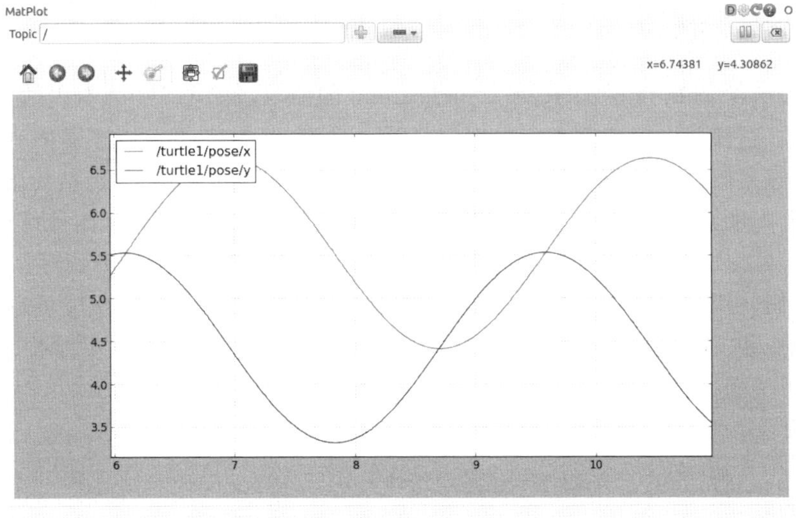

图 5-3　绘制二维数值曲线

3. rqt_reconfigure

输入 rosrun rqt_reconfigure rqt_reconfigure 运行，动态配置系统中的参数，可以在界面中选择相关参数，进行配置（图 5-4）。

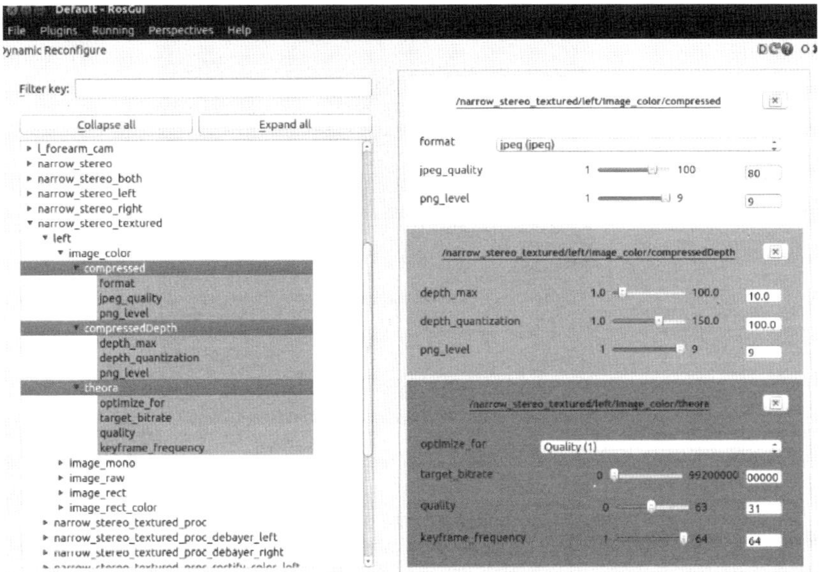

图 5-4　动态配置系统参数

5.2.2 RViz

RViz 是 ROS 可视化(ROS visualization)的缩写,是 ROS 中强有力的 3D 可视化工具。它使得用户能够查看模拟的机器人模型、来自机器人传感器的日志信息等。通过接收这些信息,用户可以对机器人的应用程序进行调试,包括传感器的输入、机器人的计划动作等。RViz 能够显示 3D 传感器的数据,如立体摄像机、激光扫描仪、Kinect 等,这些 3D 传感器的数据往往以点云或深度图的形式存在。

我们使用的桌面完整版 ROS 已经安装好了 RViz,如果没有安装可以使用下列命令安装:

```
$ sudo apt-get install ros-kinetic-rviz
```

在 roscore 运行的前提下,可以在新终端输入 RViz 运行。

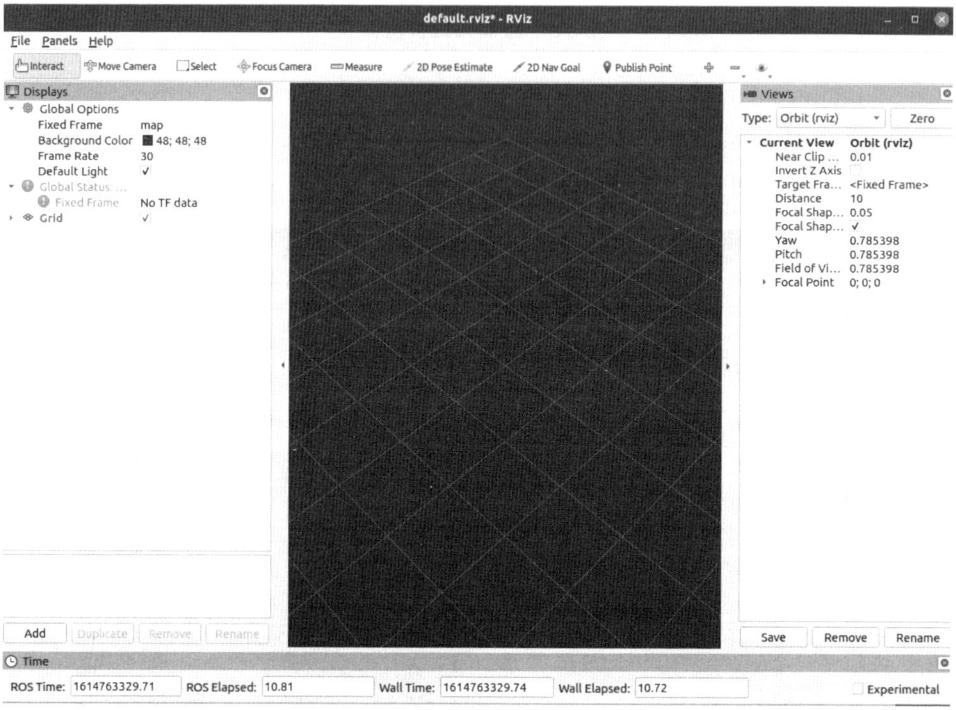

图 5-5 运行 RViz

图 5-5 为 RViz 窗口,左侧为工具栏,可以点击左下角的“Add”添加显示数据

的插件(图 5-6)。

图 5-6 数据插件

添加显示项后,可以在左侧工具栏进行配置,不同项的配置不同,需要结合具体实例。例如,Camera 中,Topic 选项里,选择不同的话题,就会出现不同的内容。

下面对 RViz 的界面功能及使用进行简单介绍。

打开 RViz 后,我们可以看到主界面的中心区域是 3D 环境的全局视图,以此为分界,可将主界面划分为 4 个区域:左侧的 Displays 控制面板,右侧的 Views 控制面板,底部的 Time 控制面板以及顶部的工具栏和菜单栏。下面对这几个部分进行分别介绍:

1. Displays 面板

该面板位于主界面左侧,用户可通过此界面对 3D 环境进行可视化元素的添加、移除或重命名等操作。单击 Add,会出现 Add 菜单,菜单中会显示可以添加到环境中的可视化元素,如摄像机图片、点云、机器人状态等。

Display 面板同时包括 Global Options(全局视图)的设置功能,如 Background Color(背景颜色)、Frame Rate(帧频)等。Grid 元素下的选项使得用户能够通过改变栅格单元数量、线条宽度以及线条颜色等对栅格线条进行调整。

2. Views和Time控制面板

本章中的小海龟模拟实验主要基于轨道视图即RViz默认的摄像头视图进行。在此视图下，轨道摄像机将围绕一个焦点旋转，该焦点在视图下可转化为一个小的黄色圆点，在轨道视图下查看3D世界的周围环境，可以使用鼠标和键盘进行控制。

3. 工具栏

工具栏主要包含如下功能选项。

(1)Interact(交互)：显示当前的交互式标记。

(2)Move Camera(移动摄像头)：对应于鼠标、键盘控制的3D视图，即上文所述Views相关内容。

(3)Select(选择)：使得各个元素能够通过鼠标单击或者拖动的方式勾选，被选中的元素周围将会出现一个线框。

(4)Focus Camera(焦点照相机)：用鼠标在3D视图下单击一个特定点，使之成为相机的焦点。

(5)2D Nav Goal(2D导航目标点)和2D Pose Estimate(2D位姿估计)：这两个选项将会在SLAM导航中详细介绍。

4. 菜单栏

位于顶端的菜单栏提供了基本的File、Panels以及Help菜单标题选项，各个标题选项分别包括如下内容。

(1)File：Open Config(打开配置)、Save Config(保存配置)等。

(2)Panels：Add Panel(添加面板)和Delete Panel(删除面板)。Panels的其他选项还包括Tools(工具)、Display(显示)、Selection(选择)等。

(3)Help：Show Help Panel(显示帮助面板)等。

上述这些功能选项使得用户能够自己定制RViz显示面板，对于RViz的更多使用教程，读者可参见网址：http://wiki.ros.org/rviz/Tutorials。

5.2.3 Gazebo

Gazebo是一个3D物理仿真平台，可以仿真机器人、传感器和各种不同的环境。你可以在仿真平台下模拟使用众多昂贵的、危险的机器人。下一章我们也首先会在Gazebo中仿真我们的TurtleBot 2。Gazebo是一个免费的开源机器人模拟环境，由Willow Garage开发，作为一个为机器人开发人员提供更多功能的工具软件，Gazebo主要支持以下功能。

①机器人模型设计。

②快速原型构建与算法测试。

③使用真实场景进行回归测试。

④室内/室外环境模拟。

⑤传感器数据模拟，支持的传感器包括激光测距仪、2D/3D 相机、Kinect 类传感器(RGBD 传感器)、接触式传感器以及力-扭矩传感器等。

⑥采用面向对象的图形渲染引擎进行高级 3D 对象和环境建模。

⑦多种用于显示世界动力建模的高性能物理引擎，主要包括 Open Dynamics Engine(ODE)、Bullet、Simbody 以及 Dynamic Animation and Robotics Toolkit (DART)。

我们使用的桌面完整版 ROS 已经安装了 Gazebo，如果没有安装可以使用下列命令安装：

```
$ sudo apt-get install ros-kinetic-gazebo
```

可以在新终端输入 Gazebo 运行。你可以通过左侧的工具栏插入各种各样的模型，构建自己的世界(图 5-7)。由于模型加载可能会出现一些问题，我们将在后面章节中说明。

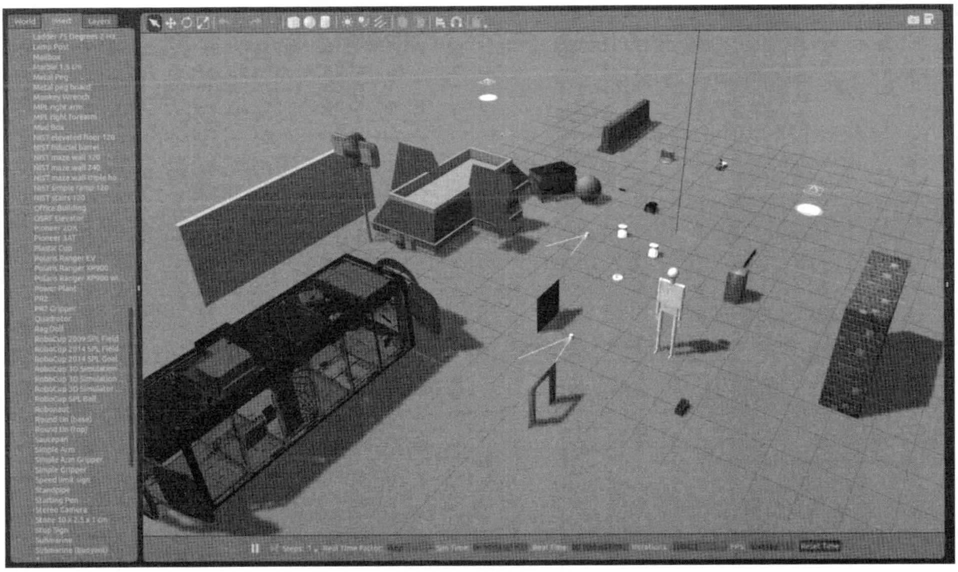

图 5-7　构建模型世界

下面对Gazebo的一些功能进行简单介绍。

Gazobo的GUI很多时候与上面介绍的RViz界面类似,界面中央窗口显示的是Gazebo的3D环境,窗口中的栅格表示环境模型的地平面。下面介绍Gazebo的主界面。

1. Environment 工具栏

该工具栏位于环境显示区域上方,主要功能如下。

(1)选择模式:可在环境中通过鼠标点击选择或者拖框选择一个模型,World界面会显示出选中的模型属性。当一个模型被选中后,模型的边缘将会以白色高亮显示,鼠标点击处会出现一个换色圆盘,并且在使用鼠标控制场景继续移动时,该点将是相应的焦点位置。

(2)变换模式:当在环境中通过鼠标点击选择或者拖框选择一个模型时,会以该模型几何中心为原点,显示3D坐标系。坐标轴用红、绿、蓝三色表示,使用鼠标左键可以在3个坐标轴上移动模型位置。

(3)旋转模式:此模式下,当选中模型时,将会在模型周围显示一个由3条圆弧组成的球体,圆弧的颜色分别为红绿蓝三色。点击鼠标左键选中3条圆弧,可以控制模型分别围绕滚转轴、俯仰轴或偏航轴转动。

(4)缩放模式:此模式下,选中模型后,会以模型的几何中心为原点,显示出一个以立方体为中心点的3D坐标轴。选中相应的轴,可以使模型在相应轴上缩放。

工具栏后面的一些图标用于在Gazebo中生成各类简单的形状,主要有箱形、球形以及圆柱形。点击选择相应的图标,可将其拖动至3D环境中的任意位置。

2. World 和 Insert 面板

3D环境模型显示区域左侧的World面板用于所有环境模型元素的操作,这些模型元素包括Scene、Physics、Models以及Lights,通过单击这些标签,可以访问元素的对应属性。其中,Scene选项可以改变环境类型、背景以及阴影;Physics选项负责检查物理引擎是否成功启动,也可以在这里更改重力等约束条件;Models列表将显示环境中所有处于活动状态的模型;Lights元素下会显示环境中所有的光源信息,在默认的环境模型中,太阳光是唯一光源,其属性包括位姿、散射特性、反射特性、距离以及衰减特性。

Insert面板位于World面板的后面,Insert面板下用户能够通过两种方式在环境中添加各种预先定义好的模型组件,该目录下包含了所有用户下载下来的模型,是用户的本地模型库。另外,也可以通过连接Gazebo的在线模型库加载,网址为:http://gazebosim.org/models/。

3. Joint 面板

在主界面显示区域的垂直黑色矩形条上，其中间位置都有 3 个小矩形框，使用鼠标点击矩形框区域左右拖动，可以实现面板的显示和隐藏。在 Joint 面板下，主要有 Force、Position、Velocity 3 个 tab 标签，此外还有 Reset 按键实现模型复位。

4. 主菜单窗口

提供最基本的菜单操作，主要有 File、Edit、View、Windows、Help 等选项。

5. Simulation 面板

位于环境显示区域的底部，是一个便于用户对模拟脚本的运行进行控制的工具。在模拟仿真运行时，可以十分方便地进行记录，以及进行模拟仿真的回放。

5.3 ROS 常用命令

在这里我们介绍一些 ROS 常用的命令。

因为 ROS 默认使用的构建系统是 CMake，所以功能系统在功能包中的描述就叫 CMakeList. txt。实际上，CMake 被修改为更适合 ROS 的 Catkin 系统，那么我们首先就来介绍 Catkin 的一些命令。

5.3.1 Catkin 命令

catkin_init_workspace：初始化工作空间，一般在工作空间下的 src 文件夹中使用。例如前面文件组织中所用的：

```
$ cd ～/learning_ws/src
$ catkin_init_workspace
```

catkin_create_pkg：生成功能包，在工作空间下的 src 文件夹中使用。创建一个空的功能包，依赖的功能包之间用空格分开。

```
$ cd ～/learning_ws/src
$ catkin_create_pkg [功能包名称] [依赖功能包 1] [依赖功能包 n]
```

catkin_make：使用 Catkin 系统编译，在工作空间中使用。运行修改的文件之前需要编译，这是常识。

```
$ cd ～/learning_ws
```

```
$ catkin_make   # 编译整个空间
$ catkin_make -- pkg test_pkg   #只编译 test_pkg 这个功能包
```

5.3.2 执行命令

roscore:运行主节点。

rosrun:运行单个节点,需要指明功能包名称和节点名称。例如小海龟中的例子。

```
$ rosrun [功能包名称][节点名称]
$ rosrun turtlesim turtlesim_node
$ rosrun turtlesim turtle_teleop_key
```

roslaunch:运行 launch 文件,启动多个节点。当然,一个系统不可能一个节点一个节点地启动,这时就需要使用 launch 文件。在这里,我们在 test_pkg 中创建一个文件夹用于存放 launch 文件,然后写一个 launch 文件用于一次性启动小海龟节点和键盘控制节点。

```
$ cd ~/learning_ws/src/test_pkg
$ mkdir -p launch && cd launch/
$ gedit turtle_teleop.launch   # 创建一个 launch 文件
```

launch 文件采用 XML 形式,必须有一个根元素,启动节点时,需要指明节点功能包的名称(pkg),功能包下可执行文件的名称(type),以及定义一个名字(name)。这就是一个基本的 launch 文件。当然,真正的 launch 文件会更复杂,包含许多参数、变量,甚至嵌套其余的 launch 文件。

在 turtle_teleop.launch 中输入下列命令,保存后退出。

```
<launch>
    <node pkg = "turtlesim" type = "turtlesim_node" name = "turtle"/>
    <node pkg = "turtlesim" type = "turtle_teleop_key" name = "teleop_key"/>
</launch>
```

roslaunch 同样需要指明功能包名称和 launch 文件名。运行刚才写的 launch 文件,就可以直接通过键盘控制海龟的移动了。

```
$ cd ~/learning_ws
```

```
$ catkin_make
$ source devel/setup.bash# 在当前终端添加环境变量
# roslaunch [功能包名] [功能包下的 launch 文件]
$ roslaunch test_pkg turtle_teleop.launch
```

实际上,如果仅仅修改 launch 文件,是不用重新编译的。但如果涉及功能包下的源文件,就一定需要重新编译。

5.3.3 bash 命令

和 Linux 类似,ROS 也有一些功能相似的 bash 命令。

roscd:使用它,可以跳转到指定的功能包。例如:

```
$ roscd test_pkg
```

rosls:可以查看指定功能包的文件列表,当然你也可以先使用 roscd 进入该功能包,再用 ls 命令查看文件。

```
$ rosls turtlesim
cmake   images   msg   package.xml   srv
```

5.3.4 信息命令

信息命令是与 ROS 通信相关的命令,我们可以使用相关命令来查看节点、话题、消息、服务等信息。

rostopic: ROS 话题相关的命令,如图 5-8 所示。

命令	作用
rostopic list	显示活动的话题
rostopic echo [话题名称]	实时显示该话题的消息内容
rostopic info [话题名称]	显示该话题的信息
rostopic pub [话题名称] [消息类型] [参数]	使用指定话题名称发布消息

图 5-8 rostopic: ROS 话题相关的命令

使用 rostopic pub 可以快速地发布消息，进行测试。例如我们运行小海龟的例程，然后以 10Hz 的频率，指定/turtle1/cmd_vel 发布 geometry_msgs/Twist 类型的消息，输入消息类型后，可以使用[Tab]补全参数，进行更改。

```
$ rosrun turtlesim turtlesim_node
```

打开另一个终端，让小海龟在 x 方向以 0.5 m/s 的速度移动，以 z 轴为中心，每秒旋转0.5 rad。你也可以更改参数，看看输入后会发生什么。

```
$ rostopic pub -r 10 /turtle1/cmd_vel geometry_msgs/Twist "linear：
x：0.5
y：0.0
z：0.0
angular：
x：0.0
y：0.0
z：0.5
"
```

后面几种命令与 rostopic 有相似之处，在此就不一一介绍了。如图 5-9、图 5-10、图 5-11。

更多的命令以及参数，可以在 http://wiki.ros.org/ros_comm 查询。

rosnode: ROS节点

命令	作用
rosnode list	显示活动的节点
rostopic kill [节点名称]	停止该节点
rostopic info [话题名称]	查看该节点信息

图 5-9　rosnod 与 rostopic 1

rosmsg: ROS消息信息

命令	作用
rosmsg list	显示所有信息
rostopic show [消息名称]	显示该消息
rostopic pakage [功能包名称]	显示用于该功能包的所有消息

图 5-10　rosnod 与 rostopic 2

rossrv: ROS服务信息

命令	作用
rossrvlist	显示所有服务信息
rossrv show [消息名称]	显示该服务信息
rossrv pakage [功能包名称]	显示用于该功能包的所有服务信息

图 5-11　rosnod 与 rostopic 3

5.4　工作空间和功能包的创建

我们使用 ROS 进行机器人开发的主要方式当然是写代码，需要把这些代码文件放置到一个固定的空间中，也就是工作空间（work space）。

5.4.1　什么是工作空间

工作空间是一个存放工程开发相关文件的文件夹，Fuerte 版本之后的 ROS 默认使用的是 Catkin 编译系统，一个典型的 Catkin 编译系统下的工作空间结构如图 5-12 所示。

```
workspace_folder/         -- WORKSPACE
  src/                    -- SOURCE SPACE
    CMakeLists.txt        -- The 'toplevel' CMake file
    package_1/
      CMakeLists.txt
      package.xml
      ...
    package_n/
      CMakeLists.txt
      package.xml
      ...
  build/                  -- BUILD SPACE
    CATKIN_IGNORE         -- Keeps catkin from walking this directory
  devel/                  -- DEVELOPMENT SPACE (set by CATKIN_DEVEL_PREFIX)
    bin/
    etc/
    include/
    lib/
    share/
    .catkin
    env.bash
    setup.bash
    setup.sh
    ...
  install/                -- INSTALL SPACE (set by CMAKE_INSTALL_PREFIX)
    bin/
    etc/
    include/
    lib/
    share/
    .catkin
    env.bash
    setup.bash
    setup.sh
    ...
```

图 5-12　典型的 Catkin 编译系统下的工作空间结构

典型的工作空间一般包括以下 4 个目录空间。

(1)src:代码空间(source space),开发过程中最常用的文件夹,用来储存所有 ROS 功能包的源码文件。

(2)build:编译空间(build space),用来存储工作空间编译过程中产生的缓存信息和中间文件。

(3)devel:开发空间(development space),用来放置编译生成的可执行文件。

(4)install:安装空间(install space),编译成功后,可以使用 make install 命令将可执行文件安装到该空间中,运行该空间的环境变量脚本,即可在终端中运行这些可执行文件。安装空间并不是必需的,事实上很多工作空间中并没有该文件夹。

5.4.2　创建工作空间

创建工作空间的命令比较简单,首先使用系统命令创建工作空间目录,然后运行 ROS 的工作空间初始化命令,即可完成创建过程。

```
$ mkdir -p ~ / catkin_ws/src
$ cd ~/catkin_ws/src
$ catkin_init_workspace
```

创建完成后，可以在工作空间的目录下使用 catkin_make 命令整个工作空间：

```
$ cd ~/catkin_ws/
$ catkin_make
```

在编译过程中，工作空间的根目录会产生 build 和 devel 两个文件夹以及其中的文件；编译完成后，在 devel 文件夹中已经产生几个 setup. * sh 形式的环境变量设置脚本，使用 source 命令运行这些脚本，则工作空间中的环境变量可以生效。

```
$ source devel/setup.bash
```

为确保环境变量已经生效，可以使用如下命令进行检查：

```
$ echo $ ROS_PACKAGE_PATH
```

如果输出的路径中已经包含当前工作空间的路径，则说明环境变量设置成功。

5.4.3 创建功能包

ROS 中功能包的形式如下：

```
my_package/
CMakeLists.txt
Package.xml
……
```

Package. xml 文件提供了功能包的元信息，也就是描述功能包属性的信息。CMakeLists. txt 文件记录了功能包的编译规则。

ROS 提供直接创建功能包的命令 catkin_create_pkg，该命令的使用方法如下：

```
$ catkin_create_pkg <package_name> [depend1] [depend2] [depend3]
```

在运行 catkin_create_pkg 命令时，用户需要输入功能包的名称和所依赖的其他功能包名称。例如,我们需要创建一个 learning_communication 功能包,该功能包依赖于 std_msgs、roscpp、rospy 等功能包:

```
$ cd ~/catkin_ws/src
$ catkin_create_pkg learning_communication std_msgs rospy roscpp
```

创建完成后,代码空间 src 中会出现一个 learning_communication 功能包,其中已经包含 package. xml 和 CMakeList. txt 文件。

然后回到工作空间的根目录下进行编译,并设置环境变量:

```
$ cd ~/catkin_ws
$ catkin_make
$ source~ /catkin_wa/devel/setup. bash
```

以上便是创建一个功能包的基本流程。

5.5 进击的小海龟

相信通过学习之前的章节,你已经安装好 ROS,下面我们来正式学习一下进击的小海龟背后的 ROS 知识。

首先输入指令:

```
roscore
```

如果出现图 5-13 所示界面,表示已经成功启动主节点。

如果成功启动了主节点,你就可以继续进行后续操作;如果没有,很遗憾,请先回到第 2 章,检查一下安装过程。

5.5.1 让小海龟动起来

打开一个新的终端,运行以下命令,我们将执行 turtlesim 功能包的 turtlesim_node 节点,可以在一个新的窗口看见一只小海龟。这时,海龟并不会动,我们需要再运行一个节点才能让它动起来。

```
$ rosrun turtlesim turtlesim_node
```

再打开一个终端,输入以下指令,将执行 turtlesim 功能包的 turtle_teleop_

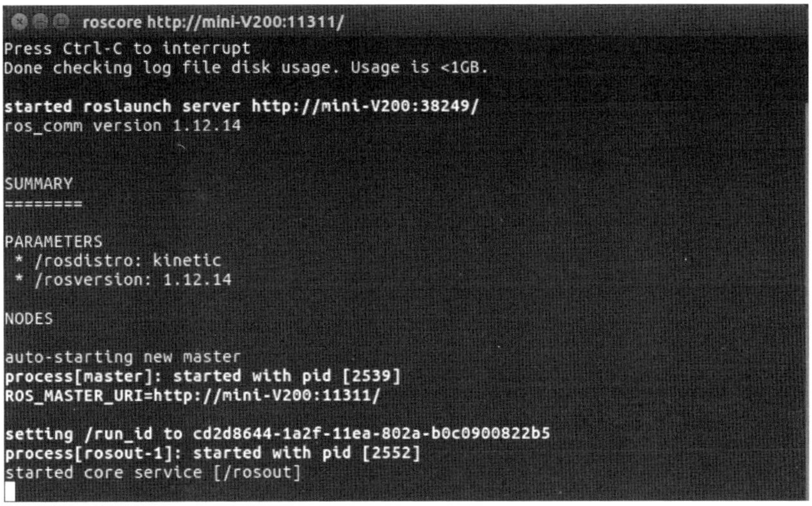
roscore http://mini-V200:11311/
Press Ctrl-C to interrupt
Done checking log file disk usage. Usage is <1GB.
started roslaunch server http://mini-V200:38249/
ros_comm version 1.12.14
SUMMARY
========
PARAMETERS
* /rosdistro: kinetic
* /rosversion: 1.12.14
NODES
auto-starting new master
process[master]: started with pid [2539]
ROS_MASTER_URI=http://mini-V200:11311/
setting /run_id to cd2d8644-1a2f-11ea-802a-b0c0900822b5
process[rosout-1]: started with pid [2552]
started core service [/rosout]

图 5-13 主节点的成功启动

key,你可以使用 Tab 进行补全。运行成功后,你就可以在该终端中按下方向键来控制小海龟移动了。

```
$ rosrun turtlesim turtle_teleop_key
```

注意:一定是在运行 turtle_teleop_key 的终端里进行控制,可以通过鼠标点击此终端窗口,确保在该终端。

5.5.2 查看节点关系

我们将使用这只可以移动的海龟来初识节点之间的联系。在新的终端中输入以下命令,可以启动 rqt_graph 功能包的 rqt_graph 节点,并显示正在运行的节点信息(图 5-14)。

```
$ rqt_graph
```

rqt_graph 提供了一个可视 ROS 计算图的 GUI 插件,我们将在后面小节详细介绍。图 5-14 的大致意思是,turtlesim_node 节点和 turtle_teleop_key 节点通过一个名为"/turtle1/command_velocity"的话题来进行通信,并且"/turtle1/command_velocity"是/turtle1 话题的子话题。圆圈代表了节点,节点之间连接线上的字代表话题。通过箭头的指向,可以知道/teleop_turtle 节点通过键盘输入的速度命令通过话题将消息发送给 turtlesim,从而控制它移动。

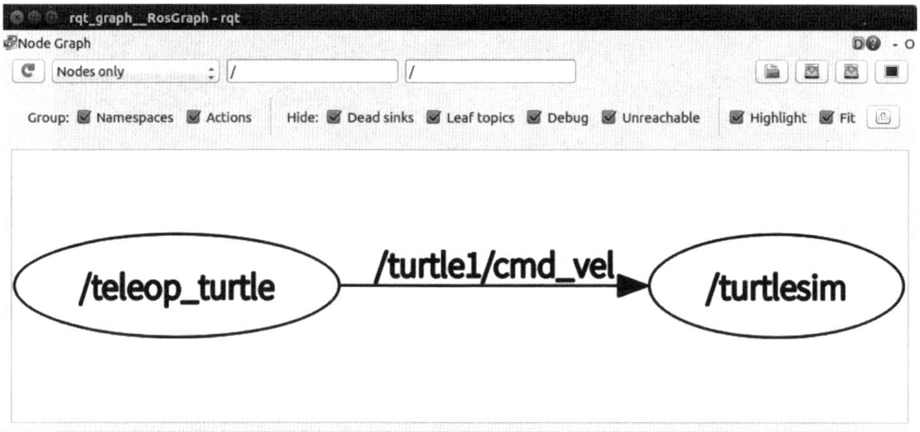

图 5-14 显示正在运行的节点信息

对小海龟的整个运行流程有了宏观的了解后，我们再来直观感受一下。输入以下命令，列出正在运行中的所有节点。可见终端列出了用于在 roscore 进行日志记录的 rosout 节点，还有与海龟有关的 teleop_turtle 和 turtlesim 节点。

```
$ rosnode list
/rosout
/teleop_turtle
/turtlesim
```

看完了节点以后，我们来看一下小海龟的话题。输入以下命令，列出所有获得的话题列表。如果你使用 rostopic list -v，还可以将话题分为发布话题和订阅话题，并将每个话题的消息类型一起显示。

```
$ rostopic list
/rosout
/rosout_agg
/turtle1/cmd_vel
/turtle1/color_sensor
/turtle1/pose
```

如果你想查看某个话题的信息，例如查看/turtle1/pose 的信息，可以输入以下命令，这时终端就可以实时显示/turtle1/pose 话题的信息了(图 5-15)。

$ rostopic echo /turtle1/pose

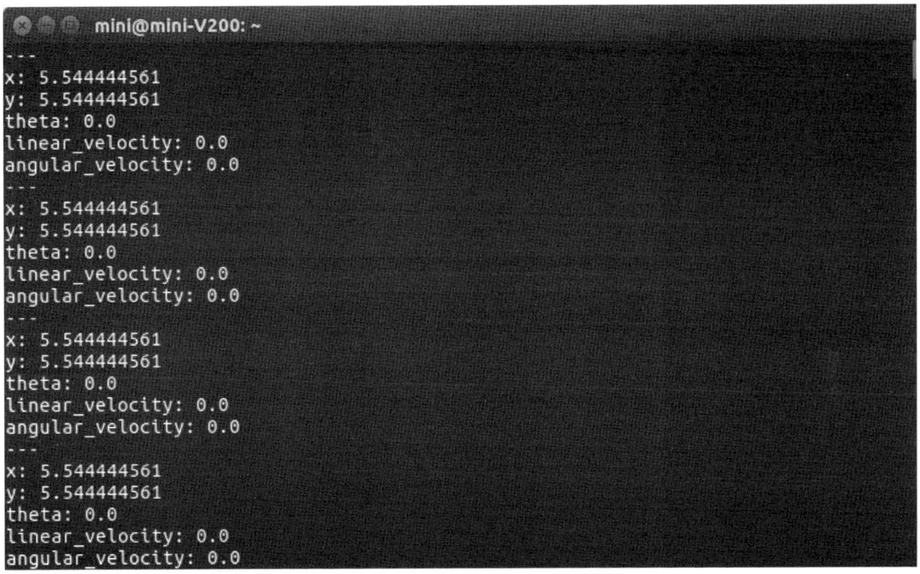
mini@mini-V200: ~
---
x: 5.544444561
y: 5.544444561
theta: 0.0
linear_velocity: 0.0
angular_velocity: 0.0
---
x: 5.544444561
y: 5.544444561
theta: 0.0
linear_velocity: 0.0
angular_velocity: 0.0
---
x: 5.544444561
y: 5.544444561
theta: 0.0
linear_velocity: 0.0
angular_velocity: 0.0
---
x: 5.544444561
y: 5.544444561
theta: 0.0
linear_velocity: 0.0
angular_velocity: 0.0

图 5-15 /turtle1/pose 话题信息的实时显示

从图 5-15 中可以发现，话题中包含了 x、y、theta、linear_velocity 以及 angular_velocity 的数据。我们不妨点击运行 teleop_turtle 的那个窗口，然后按下方向键，观察一下/turtle1/pose 的变化。如果你的小海龟动起来了，可以看见，pose 信息是在不断变换的。你可以再使用 rostopic echo 指令查看一下 cmd_vel 话题，然后移动小海龟，看它是怎么变化的。

5.5.3 从进击的小海龟中所得

这样你就完成了你的第一个 ROS 实例，虽然挺简单，但是其中蕴含了丰富的内容。我们不妨把小海龟想象成一个实体机器人，你使用键盘控制一个实体机器人移动的逻辑其实和控制小海龟是类似的，通过某个节点发送某个话题，从而控制某个节点，这个节点则控制了机器人移动。如果你的机器人没有动，你可以通过 rosnode list 和 rostopic list 查看是否有应该出现的节点或话题没有出现，然后判断程序可能在哪里出了问题，是订阅的节点名称写错了还是其他什么问题。如果你想了解机器人运动时的具体情况，可以通过 rostopic echo 查看具体话题的信息。

这些思想和方法在后面的开发以及调试中很有用，希望你可以从这只小小的海龟中学到，然后用于你自己的“变形金刚”里。

在整个实战学习的过程中，可能很多时候都需要从 github 上克隆文件，有时候会出现这样的问题(图 5-16)：

“error: RPC failed; curl 18 transfer closed with outstanding read data remaining”

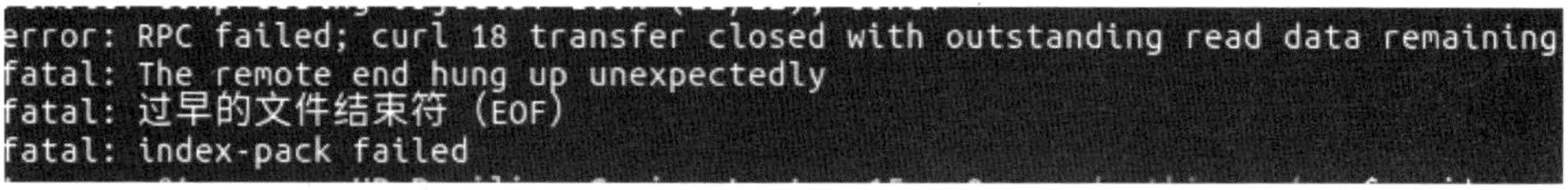
error: RPC failed; curl 18 transfer closed with outstanding read data remaining
fatal: The remote end hung up unexpectedly
fatal: 过早的文件结束符 (EOF)
fatal: index-pack failed

图 5-16　从 github 上克隆文件时可能出现的问题

这种时候除了要检查网络，还要查看是不是因为 curl 的 postbuffer 默认值太小，我们需要调整它的大小，可在终端重新配置大小(图 5-17)。

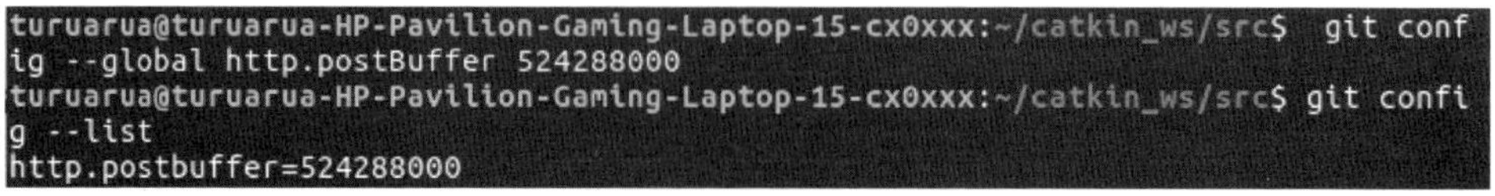
turuarua@turuarua-HP-Pavilion-Gaming-Laptop-15-cx0xxx:~/catkin_ws/src$ git conf
ig --global http.postBuffer 524288000
turuarua@turuarua-HP-Pavilion-Gaming-Laptop-15-cx0xxx:~/catkin_ws/src$ git confi
g --list
http.postbuffer=524288000

图 5-17　配置 curl 的 postbuffer 默认值

最好将它配置得大一些，然后挑一个网速好的时候重新尝试下载。网速很重要，在排除所有可能原因后，就要考虑是否是网络问题。

5.6　ROS 实践初步——使用 RoboWare 完成节点信息的发送与接收

1. 首先，创建一个工作区，命名为 Robot。

注意：一定要安装在英文路径下，不能有中文，否则后面运行的时候会出现问题！

2. 新建 Robot 包：右键点击 src 文件夹，选择“新建 ROS 包”，在名称栏输入 test，建好之后会出现一个 test 文件夹，下有一个 SRC 文件夹。

3. 新建 ROS 节点：右键点击 test 文件夹，选择“新建 C++ ROS”节点。在名称栏输入 test。

建好之后，文件内有两个. cpp 文件：一个是 test_pub. cpp ，用于发送 helloworld 信息，称为发送者；另一个是 test_sub. cpp，用于接收信息，称为订阅者(图 5-18)

```
add_executable(test_pub
  src/test_pub.cpp
)
add_dependencies(test_pub ${${PROJECT_NAME}_EXPORTED_TARGETS} ${catkin_EXPORTED_TARGETS})
target_link_libraries(test_pub
  ${catkin_LIBRARIES}
)

add_executable(test_sub
  src/test_sub.cpp
)
add_dependencies(test_sub ${${PROJECT_NAME}_EXPORTED_TARGETS} ${catkin_EXPORTED_TARGETS})
target_link_libraries(test_sub
  ${catkin_LIBRARIES}
)

add_executable(test1_pub
  src/test1_pub.cpp
)
add_dependencies(test1_pub ${${PROJECT_NAME}_EXPORTED_TARGETS} ${catkin_EXPORTED_TARGETS})
target_link_libraries(test1_pub
  ${catkin_LIBRARIES}
)

add_executable(test1_sub
  src/test1_sub.cpp
)
add_dependencies(test1_sub ${${PROJECT_NAME}_EXPORTED_TARGETS} ${catkin_EXPORTED_TARGETS})
target_link_libraries(test1_sub
  ${catkin_LIBRARIES}
)
```

图 5-18　发送者与订阅者

此处，另建了 test1 节点，同样产生 test1_pub. cpp 和 test1_sub. cpp 两个文件夹。原理同上。

4. 点击左上角的锤子编译文件，ROS 节点界面会出现刚刚创建的 test 和 test1 节点(图 5-19)，看到 100%说明编译成功。

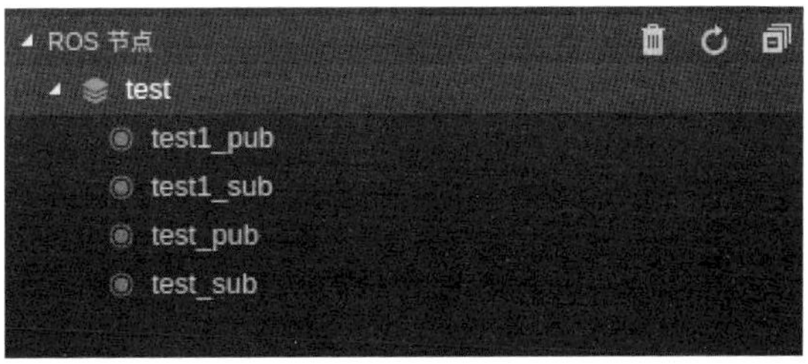

图 5-19　ROS 节点界面

注意：如果编译后出现“Remote Arguments not configured!”，原因是 RoboWare界面左上方锤子图标的设置项目默认设置成了 Remote Deploy，本地应用应该配置为 Debug 等。更改后命令执行正常。

以上就完成了整个编译工作，接下来，就要开始运行了！

5. 打开终端，输入 roscore 开启运行。

6. 打开新终端，输入 rosrun test test_pub，执行发送节点（图 5-20）。

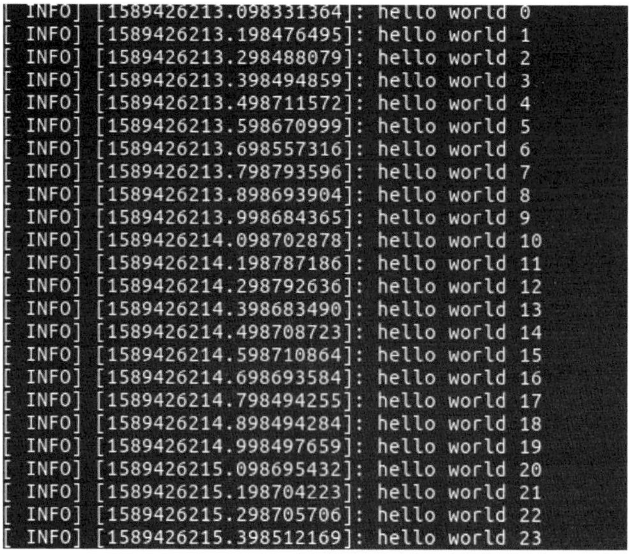
[INFO] [1589426213.098331364]: hello world 0
[INFO] [1589426213.198476495]: hello world 1
[INFO] [1589426213.298488079]: hello world 2
[INFO] [1589426213.398494859]: hello world 3
[INFO] [1589426213.498711572]: hello world 4
[INFO] [1589426213.598670999]: hello world 5
[INFO] [1589426213.698557316]: hello world 6
[INFO] [1589426213.798793596]: hello world 7
[INFO] [1589426213.898693904]: hello world 8
[INFO] [1589426213.998684365]: hello world 9
[INFO] [1589426214.098702878]: hello world 10
[INFO] [1589426214.198787186]: hello world 11
[INFO] [1589426214.298792636]: hello world 12
[INFO] [1589426214.398683490]: hello world 13
[INFO] [1589426214.498708723]: hello world 14
[INFO] [1589426214.598710864]: hello world 15
[INFO] [1589426214.698693584]: hello world 16
[INFO] [1589426214.798494255]: hello world 17
[INFO] [1589426214.898494284]: hello world 18
[INFO] [1589426214.998497659]: hello world 19
[INFO] [1589426215.098695432]: hello world 20
[INFO] [1589426215.198704223]: hello world 21
[INFO] [1589426215.298705706]: hello world 22
[INFO] [1589426215.398512169]: hello world 23

图 5-20　发送节点

7. 另开一个新终端，输入 rosrun test test_sub，执行接收节点。

最终效果如图 5-21 所示。

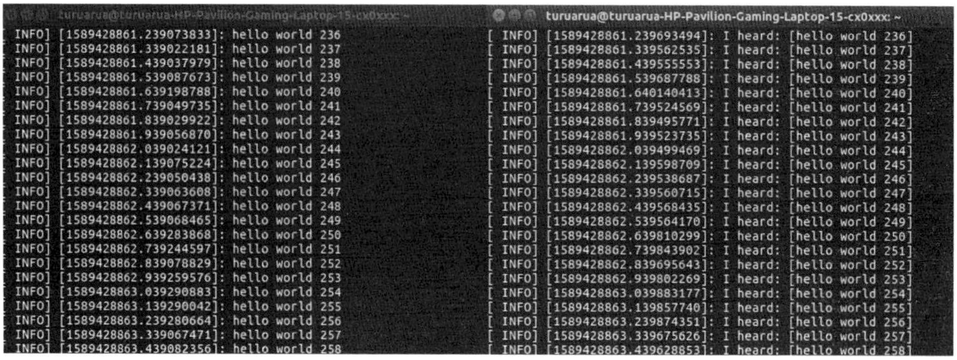
INFO] [1589428861.239073833]: hello world 236
INFO] [1589428861.339022181]: hello world 237
INFO] [1589428861.439037979]: hello world 238
INFO] [1589428861.539087673]: hello world 239
INFO] [1589428861.639198788]: hello world 240
INFO] [1589428861.739049735]: hello world 241
INFO] [1589428861.839029922]: hello world 242
INFO] [1589428861.939056870]: hello world 243
INFO] [1589428862.039024121]: hello world 244
INFO] [1589428862.139075224]: hello world 245
INFO] [1589428862.239050438]: hello world 246
INFO] [1589428862.339063608]: hello world 247
INFO] [1589428862.439067371]: hello world 248
INFO] [1589428862.539068465]: hello world 249
INFO] [1589428862.639283868]: hello world 250
INFO] [1589428862.739244597]: hello world 251
INFO] [1589428862.839078829]: hello world 252
INFO] [1589428862.939259576]: hello world 253
INFO] [1589428863.039290883]: hello world 254
INFO] [1589428863.139290042]: hello world 255
INFO] [1589428863.239280664]: hello world 256
INFO] [1589428863.339067471]: hello world 257
INFO] [1589428863.439082356]: hello world 258
turuarua@turuarua-HP-Pavilion-Gaming-Laptop-15-cx0xxx: ~
[INFO] [1589428861.239693494]: I heard: [hello world 236]
[INFO] [1589428861.339562535]: I heard: [hello world 237]
[INFO] [1589428861.439555553]: I heard: [hello world 238]
[INFO] [1589428861.539687788]: I heard: [hello world 239]
[INFO] [1589428861.640140413]: I heard: [hello world 240]
[INFO] [1589428861.739524569]: I heard: [hello world 241]
[INFO] [1589428861.839495771]: I heard: [hello world 242]
[INFO] [1589428861.939523735]: I heard: [hello world 243]
[INFO] [1589428862.039499469]: I heard: [hello world 244]
[INFO] [1589428862.139598709]: I heard: [hello world 245]
[INFO] [1589428862.239538687]: I heard: [hello world 246]
[INFO] [1589428862.339560715]: I heard: [hello world 247]
[INFO] [1589428862.439568435]: I heard: [hello world 248]
[INFO] [1589428862.539564170]: I heard: [hello world 249]
[INFO] [1589428862.639810299]: I heard: [hello world 250]
[INFO] [1589428862.739843902]: I heard: [hello world 251]
[INFO] [1589428862.839695643]: I heard: [hello world 252]
[INFO] [1589428862.939802269]: I heard: [hello world 253]
[INFO] [1589428863.039883177]: I heard: [hello world 254]
[INFO] [1589428863.139857740]: I heard: [hello world 255]
[INFO] [1589428863.239874351]: I heard: [hello world 256]
[INFO] [1589428863.339675626]: I heard: [hello world 257]
[INFO] [1589428863.439628853]: I heard: [hello world 258]

图 5-21　最终效果

一个节点发送信息，另一个节点接收信息，完成一个最简单的实时通信，明白了原理之后，其实就很容易理解这个工作过程。

但是，在运行的过程中，可能会出现很多问题，下面介绍一些可能遇到的问题和解决方法。

(1)路径名要自己审核，不能出现中文。

(2)package not found 问题：这个是因为在安装 ROS 时已经创建了工作空间，新建的工作空间和之前的不同，所以需要将新建的工作空间的路径添加到 bashrc 文件中。新开一个终端，输入 gedit. bashrc 命令打开 bashrc 文件。

根据你刚刚建立的 ROS 包位置，将路径添加进 bashrc 文件的最后。然后，重新执行。

(3)same name 问题：出现这个问题说明在刚刚创建节点的时候，你没有手动修改 test_pub. cpp 和 test_sub. cpp 文件中初始化部分的名称，使用的仍然是默认的 ROS 包名，这必然导致出错。按照下图(图 5-22、图 5-23)，根据你的命名，对应修改你自己的源文件。

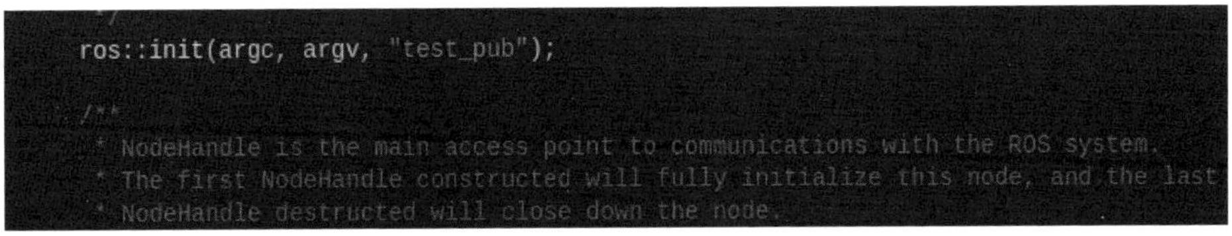
ros::init(argc, argv, "test_pub");
/**
* NodeHandle is the main access point to communications with the ROS system.
* The first NodeHandle constructed will fully initialize this node, and the last
* NodeHandle destructed will close down the node.

图 5-22　命名源文件修改 1

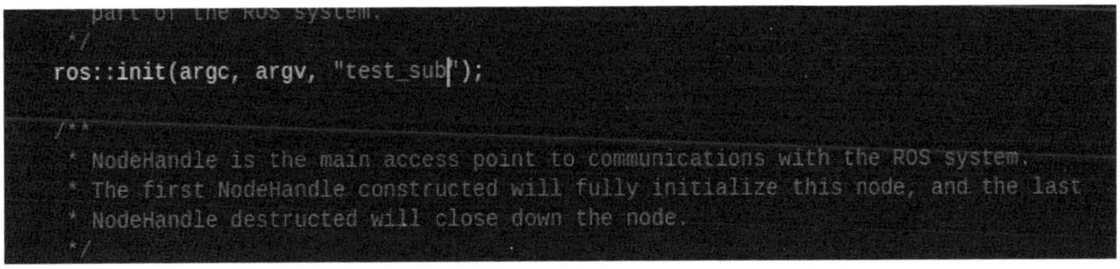
*/
ros::init(argc, argv, "test_sub");
/**
* NodeHandle is the main access point to communications with the ROS system.
* The first NodeHandle constructed will fully initialize this node, and the last
* NodeHandle destructed will close down the node.
*/

图 5-23　命名源文件修改 2

修改完毕，再重新执行，就没有问题啦！

5.7　ROS 探索总结——让机器人动起来

首先，准备两个包：allians_arbotix 与 teleop_twist_keyboard(图 5-24)。

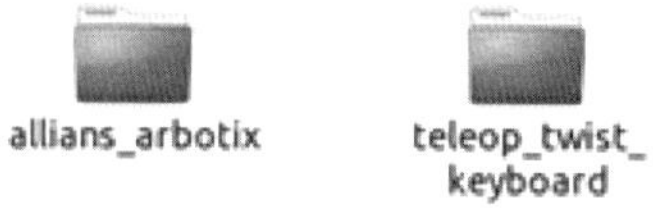
allians_arbotix
teleop_twist_ keyboard

图 5-24　准备包

然后启动命令：

$ exportROBOT = mover　//配置环境变量，指定要选择的机器人

$ roslaunchallians_arbotix fake_mover.launch　//开启模拟机器人

注意：以上两条命令必须在同一个终端启动。环境变量只配置在当前终端（图 5-25）。

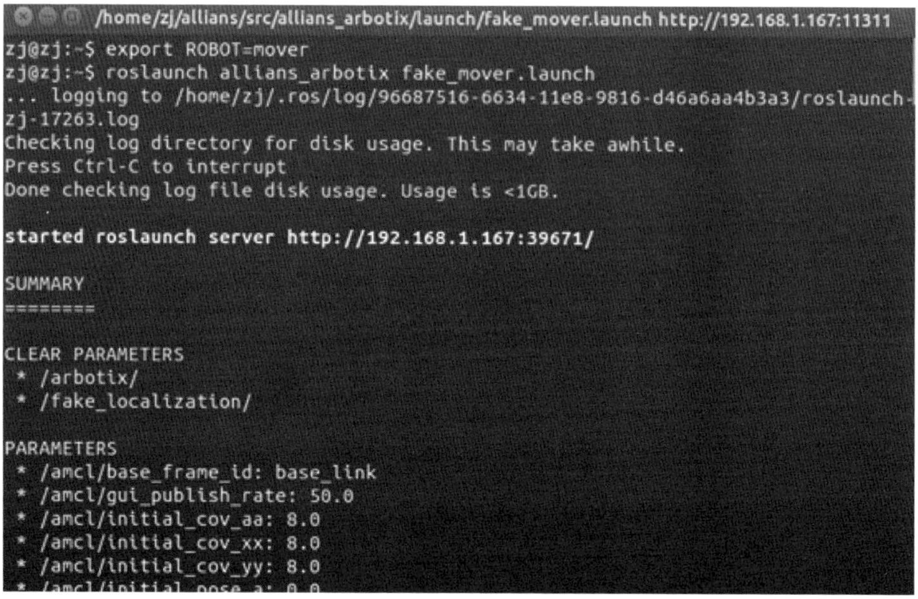
/home/zj/allians/src/allians_arbotix/launch/fake_mover.launch http://192.168.1.167:11311
zj@zj:~$ export ROBOT=mover
zj@zj:~$ roslaunch allians_arbotix fake_mover.launch
... logging to /home/zj/.ros/log/96687516-6634-11e8-9816-d46a6aa4b3a3/roslaunch-
zj-17263.log
Checking log directory for disk usage. This may take awhile.
Press Ctrl-C to interrupt
Done checking log file disk usage. Usage is <1GB.
started roslaunch server http://192.168.1.167:39671/
SUMMARY
========
CLEAR PARAMETERS
* /arbotix/
* /fake_localization/
PARAMETERS
* /amcl/base_frame_id: base_link
* /amcl/gui_publish_rate: 50.0
* /amcl/initial_cov_aa: 8.0
* /amcl/initial_cov_xx: 8.0
* /amcl/initial_cov_yy: 8.0

图 5-25　配置环境变量开启模拟机器人

Ctrl+Alt+T 开启新终端。

$ rosrunteleop_twist_keyboard teleop_twist_keyboard.py　//启动键盘控制

$ rviz　//参考上节开启 navigatin.rviz 观察机器人仿真情况

采用键盘控制模拟机器人，模拟机器人开始移动。注意鼠标指针必须位于

teleop_twist_keyboard 终端界面，否则控制键盘模拟机器人无法移动。

键盘控制各个键介绍(图 5-26)：

K：停止。

I、J、<、L：前、左、后、右。

q/z ：最大速度增加/减少 10%。

w/x ：仅线性速度增加 10%。

e/c ：仅角速度增加 10%。

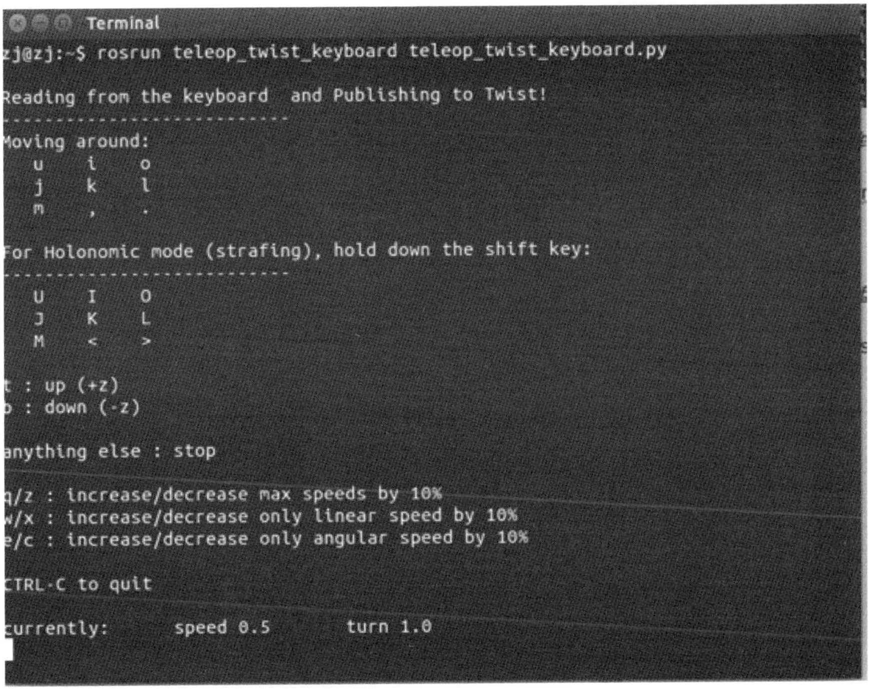
Terminal
zj@zj:~$ rosrun teleop_twist_keyboard teleop_twist_keyboard.py
Reading from the keyboard and Publishing to Twist!

Moving around:
u i o
j k l
m , .
For Holonomic mode (strafing), hold down the shift key:

U I O
J K L
M < >
t : up (+z)
b : down (-z)
anything else : stop
q/z : increase/decrease max speeds by 10%
w/x : increase/decrease only linear speed by 10%
e/c : increase/decrease only angular speed by 10%
CTRL-C to quit
currently: speed 0.5 turn 1.0

图 5-26　机器人仿真情况

下面来了解一下键盘控制实现原理，打开 ROS 的调试工具：

```
$ rqt_graph    //这个工具可以查看节点图
```

节点图如图 5-27 所示，其中包括 teleop_twist_keyboard 的节点(node)、teleop_twist_keyboard 发送的话题(topic)以及 arbotix 仿真启动的模拟底盘(包括静态 tf 变换、navigation 导航信息发布、模拟机器人里程信息发布)。

从节点图可以看到，键盘控制节点向模拟机器人发送了一个名叫 cml_vel 的话题。这个就是键盘控制机器人移动的关键。

cmd_vel-->发布机器人的速度信息

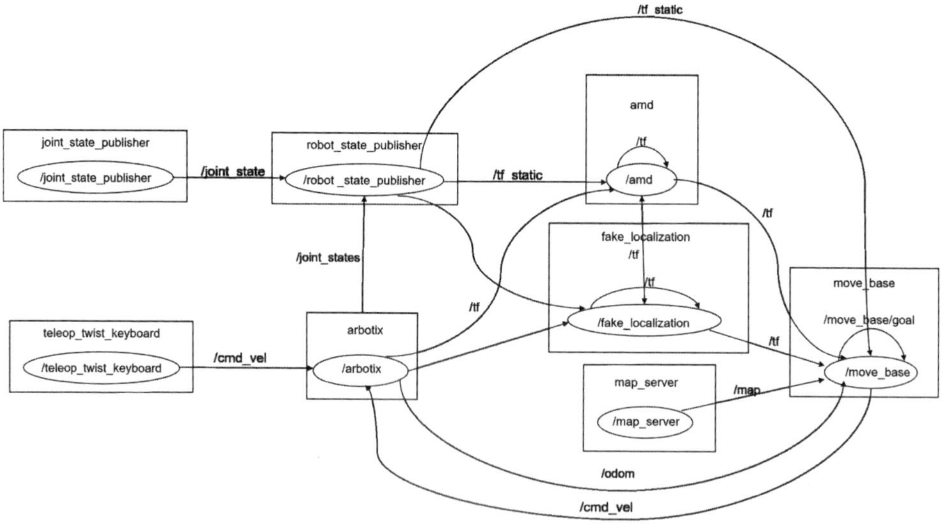

图 5-27　节点图

实验思考

1. ROS 中的文件需要放在根目录的哪种文件夹下？
2. 新建工作空间后都需要进行哪些操作？

第 6 章　TurtleBot 仿真实验

完成 ROS 里小海龟的仿真以后，接下来我们需要来看一个真正的机器人——TurtleBot。在上手实物之前，我们需要先进行仿真，在仿真环境下先体验一下我们的任务。

本章将会介绍 TurtleBot 2 移动机器人平台，并讲解如何安装仿真所需要的工具，以及如何：

1. 在 Gazebo 下启动 TurtleBot。

2. 用键盘移动机器人，建立地图。

3. 在所建地图下导航。

虽然仿真与实际实验可能有较多不同之处，但总体的实现逻辑是相似的。养成先仿真的习惯有助于今后的实验，毕竟使用的机器人可能价格不菲，未经验证直接上手实验很可能会造成巨大的损失。

实验目的

1. 成功仿真 TurtleBot 机器人。

2. 学会对 Gazebo 中的环境进行构建和可视化。

3. 实现机器人的自主导航。

6.1　TurtleBot 简介

TurtleBot 是一款低成本的个人机器人套件，并且带有开源软件。2010 年 11 月，Melonee Wise 和 Tully Foote 在 Willow Garage 创建了 TurtleBot 1；2012 年，Yunjin Robot 公司开发了基于 Kobuki 底座的 TurtleBot 2；2017 年，更加开源且自由的 TurtleBot 3 推出了。图 6-1 展示了 TurtleBot 系列机器人。因为本章以及

之后的章节将基于 TurtleBot 2 进行讲解，所以这里主要介绍 TurtleBot 2。

TurtleBot 2 是世界上最流行的低成本、开源机器人，用于许多学校与科研机构。它的主体硬件包括 Kobuki 底座、支架、深度摄像头和一台 PC。当然你也可以根据自己的需求安装激光雷达，更换深度摄像头以及其他的硬件改装。整个 TurtleBot 2 组装好以后约为 354 mm×354 mm×420 mm，重约 6.3 kg，最大载重 5 kg，最大速度 0.65 m/s。关于其他的参数细节以及模型图纸，可以在 https://www.turtlebot.com/build/下载。

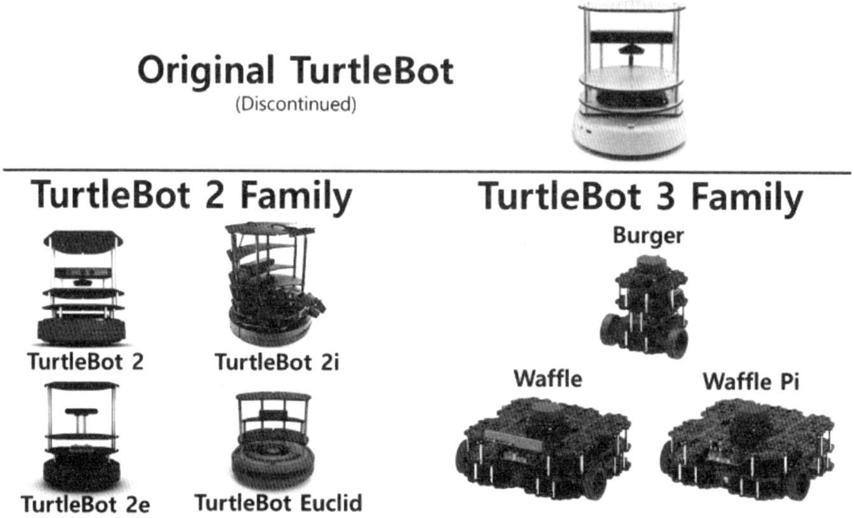

图 6-1 TurtleBot 系列机器人

图片来源：https://www.turtlebot.com/about/

6.2 TurtleBot 2 安装

为了进行 TurtleBot 2 的仿真，需要安装相关功能包以及环境。如果你安装的 ROS 为桌面完整版，那么只需安装相关功能包即可，否则你可能还需要安装 Gazebo、RViz 等环境。

首先我们安装 TurtleBot 相关的工具包。为了方便，我们直接安装了所有的包：

```
$ sudo apt-get install ros-kinetic-turtlebot-
```

安装完成以后，我们就可以在 Gazebo 下启动 TurtleBot 了。

```
$ roslaunch turtlebot_gazebo turtlebot_world.launch
```

注意：如果你的 Gazebo 打开了却是黑屏，什么也没有，这说明 model 库加载不正确，因为 Gazebo 加载时会从网上下载许多模型，而连接国外的网站常常较慢。你可以下载本教程所给资源中 models.tar.gz，或者在终端输入 hg clone https://bitbucket.org/osrf/gazebo_models 命令，将模型下载下来。然后将文件解压，把里面的模型放在一个文件夹下，取名为 models，再将此文件夹复制到 home 目录下的.gazebo 文件夹里（这是一个隐藏文件夹，可以在 home 目录下按 ctrl+h 显示）。

如果你成功启动了 TurtleBot，那么你就可以看到以下画面（图 6-2）。这就是 Gazebo 的世界。进行到这里，说明已经安装好了 TurtleBot 2 的仿真环境，那就进入 Gazebo 的世界吧。

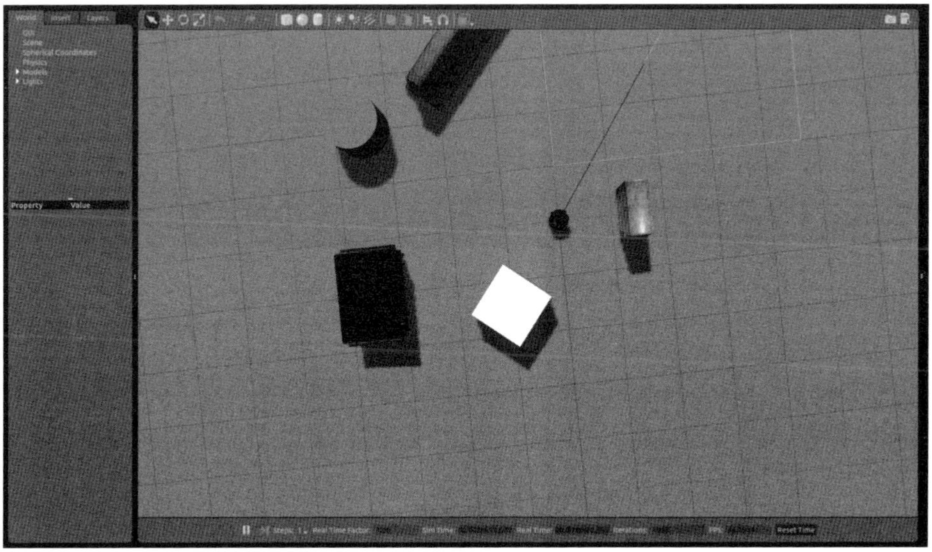

图 6-2　Gazebo

6.3　移动 TurtleBot

在成功打开 Gazebo 的基础上，打开一个新的终端，输入以下命令，运行一个键盘控制节点：

```
$ roslaunch turtlebot_teleop keyboard_teleop.launch
```

打开以后你就可以看见以下画面，如图 6-3 所示。依照终端的提示，你就可以使用相关的按键来移动 TurtleBot，以及改变线速度、角速度。

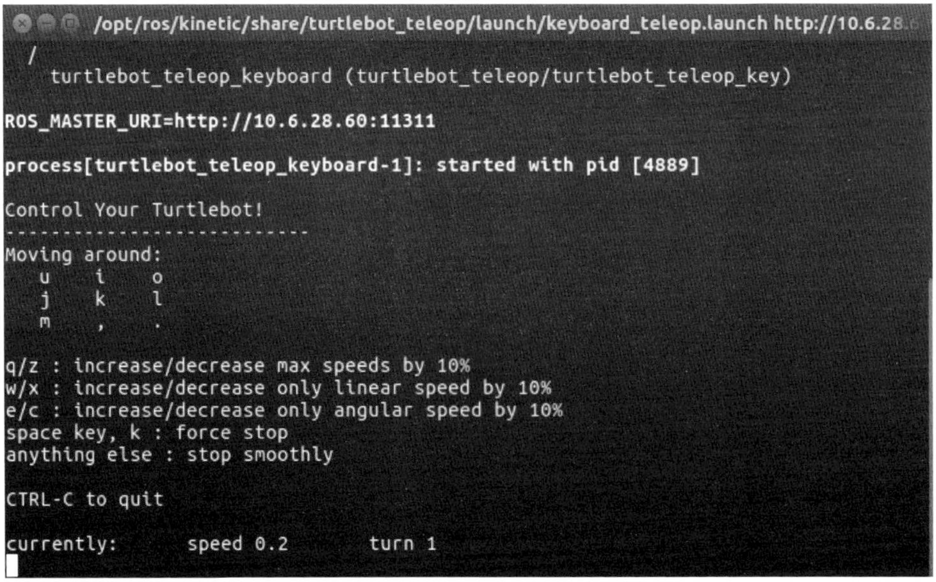
/opt/ros/kinetic/share/turtlebot_teleop/launch/keyboard_teleop.launch http://10.6.28.
/
turtlebot_teleop_keyboard (turtlebot_teleop/turtlebot_teleop_key)
ROS_MASTER_URI=http://10.6.28.60:11311
process[turtlebot_teleop_keyboard-1]: started with pid [4889]
Control Your Turtlebot!

Moving around:
u i o
j k l
m , .
q/z : increase/decrease max speeds by 10%
w/x : increase/decrease only linear speed by 10%
e/c : increase/decrease only angular speed by 10%
space key, k : force stop
anything else : stop smoothly
CTRL-C to quit
currently: speed 0.2 turn 1

图 6-3 运行一个键盘控制节点

这个过程是不是和移动小海龟的时候很像呢？不妨按照进击的小海龟中的方法，来查看一下 rosnode、rostopic、roslist 等信息吧，相信你会对 ROS 通信机制有更深的印象。

6.4 使用 Gmapping 创建地图

在成功移动 TurtleBot 的基础上，再打开一个终端，输入以下指令，运行 turtlebot_gazebo 包中的 gmapping_demo.launch，进行 SLAM。

```
$ roslaunch turtlebot_gazebo gmapping_demo.launch
```

为了看见整个建图的过程，我们可以打开 RViz。在这里我们不手动配置

RViz，直接运行 turtlebot_rviz_launchers 下的 launch 文件，运行已经配置好的 RViz 环境。

```
$ roslaunch turtlebot_rviz_launchers view_navigation.launch
```

接下来你就可以看见如图 6-4 的画面，显示项列表包含地图（map）、全局地图（local map）、机器人模型（robot model）等选项。虽然有了这些显示插件，但想显示建图的过程，还需要做一些配置。

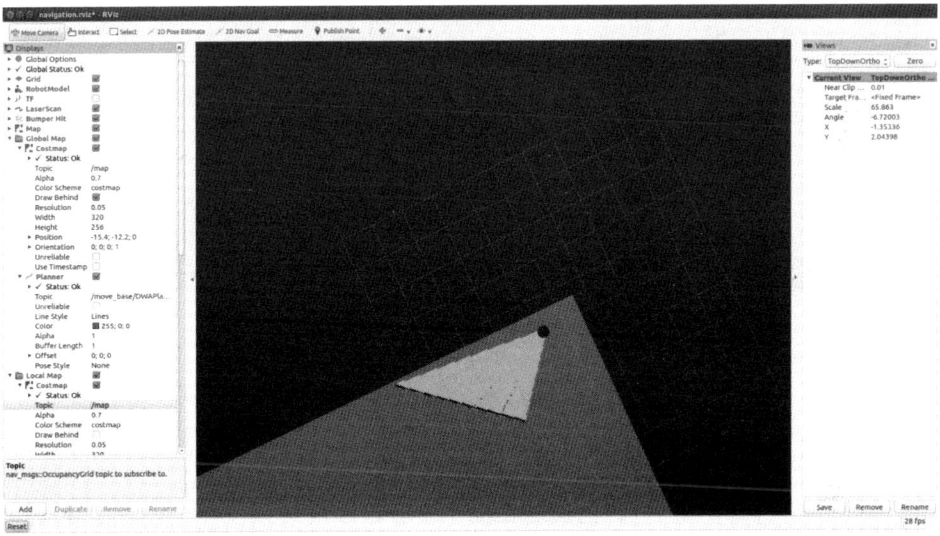

图 6-4　显示项列表

如图 6-4 中左侧所示，将 Local map 中 Costmap 的 Topic 选择/map，将 Global map 中 Costmap 的 Topic 选择/map。这样就可以看见机器人旁边出现了灰色的地图。

点击运行键盘节点的终端，控制机器人边移动边建图，你会发现灰色的地图面积越来越大，并且机器人旁边的障碍物都会在地图上被标注好。这个过程就是同步定位与建图（SLAM）。

当你对自己所建的地图满意以后，可以将它保存下来，用于后续实验。可以在 home 目录下建立一个 maps 文件夹，用于保存地图文件。保存好的地图为 pgm 和 yaml 文件。

```
$ rosrun map_server map_saver -f /home/<user_name>/maps/playground_map
```

注意:在建图过程中,最好将移动机器人的速度控制得慢一些(实体机器人同理)。如果移动较快,深度摄像头速度不够,可能会出现建图不准确的情况。

完成以后,你就可以在保存的文件夹中看见一个你建好的地图(图 6-5)。

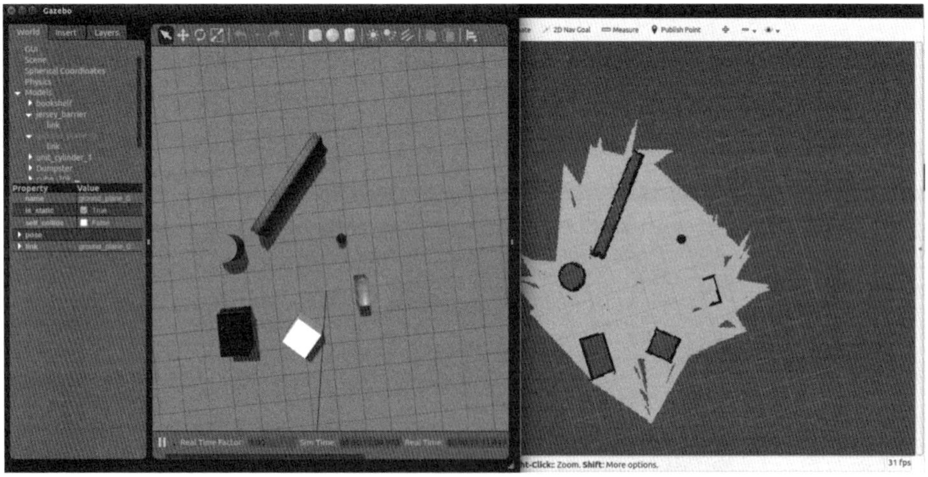

图 6-5　建好的地图

6.5　自主导航

完成以上仿真实验后,相信你的桌面一定有很多的终端。在进行自主导航前,不妨将它们全部关闭,从头开始,顺便复习复习,加深印象。

启动 Gazebo,运行 turtlebot_gazebo 包中的 turtlebot_world. launch 文件,打开一个环境。

```
$ roslaunch turtlebot_gazebo turtlebot_world.launch
```

运行 turtlebot_gazebo 包中的 amcl_demo. launch,进行导航。在这里我们使用刚才建好的地图,注意,此处地图的路径需为完整路径,不可写成~/maps/playground_map。

```
$ roslaunch turtlebot_gazebo amcl_demo.launch map_file:= /home/user_name>
/maps/playground_map
```

为了进行导航,我们再启动 RViz。

```
$ roslaunch turtlebot_rviz_launchers view_navigation.launch
```

此时可以看见，机器人下面有一张灰色的地图，这就是你刚才建立的。

点击 RViz 中的 2D Nav Goal，然后在地图上点击一个位置，绿色的箭头方向代表机器人到达该位置后的朝向。接下来你就可以看见机器人自主导航，移动到了目的地(图 6-6)。

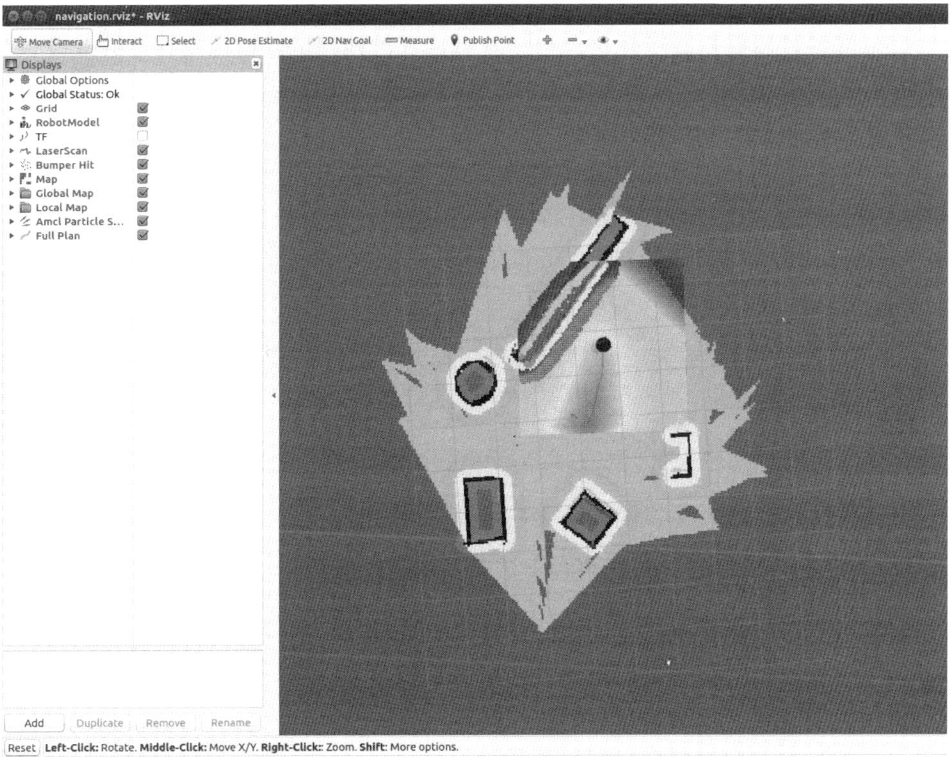

图 6-6 机器人自主导航

至此，你已经完成了仿真实验。

6.6 总结与拓展

本章讲解了 TurtleBot 2 的安装与仿真，在 Gazebo 中完成了建图与导航，而这两个任务也是接下来我们要用真实的 TurtleBot 完成的任务。熟悉整个仿真过程有助于你游刃有余地操作实体机器人，在完成实体机器人的实验以后，不妨总结总结仿真与真实情况下的差别。

本章并未对移动机器人建图以及导航的实现做原理上的说明，实际上内部实现还是挺复杂的。这也在一定程度上说明了 ROS 这个工具的优势，即使你不知道 Gmapping 建图的原理，以及 amcl 导航的原理，你也可以调用这两个包完成相关功能。如果你想探究内部的关系，非常建议你使用 rosnode、rostopic、rosservice、rosparam 等命令查看不同节点和话题，以及使用 rqt 工具查看节点的关系。还可以使用 roscd turtlebot_gazebo，进入 turtlebot_gazebo 目录，查看源代码，了解每一个 launch 文件到底启动了什么。由于本章最开始使用 apt 工具安装 TurtleBot 二进制文件，可以直接运行，但无法查看实现的源代码。有兴趣的不妨尝试使用源代码编译来安装 TurtleBot。

如果你对 TurtleBot 2 仿真意犹未尽，不妨阅读《ROS 机器人编程》(表允晳等著)。该书以 TurtleBot 3 为例进行讲解，你可以从中了解 TurtleBot 3 的硬件、软件，以及完成书中的 TurtleBot 3 仿真与实体机实现(如果你有的话)。

第 7 章　TurtleBot 2 实体机器人初探

上一章我们在 Gazebo、RViz 环境中仿真 TurtleBot 2，接下来，我们使用相似的逻辑来操作一个真实的 TurtleBot 2。本章架构和上一章几乎一样，再次建议，完成本章后不妨对比一下仿真和实体机器人操作的区别。

本章硬件包括：Kinect v2，TurtleBot 2，一台安装在 TurtleBot 2 上的工控机（以下与 TurtleBot 2 机器人合称为 TurtleBot），一台远程控制的电脑（以下简称 PC）。

7.1　Kinect 简介

Kinect/kɪn'ɛkt/是微软公司推出的一款深度摄像头，除了一般摄像头可以采集的 RGB 图像信息，它还可以采集深度信息，因此也叫 RGB-D 摄像头。2010 年推出 Kinect v1，促进了深度摄像头的市场化，减少了成本。TurtleBot 2 默认使用的 Kinect 也是 v1。随着 2014 年 Kinect v2 的发布，微软宣布将停产 Kinect v1。尽管市面上仍有 Kinect v1 出售，但为了与时俱进，以及追求更好的性能，我们将在本教程中选用 Kinect v2。

关于两代 Kinect 之间的区别，在此简要介绍一下成像技术。Kinect v1 采用的是以色列 PrimeSense 公司开发的 Light Coding；而 Kinect v2 采用的则是 Time-of-Flight（TOF），顾名思义，就是通过投射红外，根据其反射时间来取得深度信息，类似于红外避障的传感器。具体性能差异见图 7-1。

		Kinect v1	Kinect v2预览版
颜色（Color）	分辨率（Resolution）	640×480	1 920×1 080
	fps	30 fps	30 fps
深度（Depth）	分辨率（Resolution）	320×240	512×424
	fps	30 fps	30 fps
人物数量（Player）		6	6
人物姿势（Skeleton）		2	6
关节（Joint）		20关节/人	25关节/人
手的开闭状态（Hand State）		Developer Toolkit	SDK
检测范围（Range of Detection）		0.8~4.0 m	0.5~4.5 m
角度（Angle）	水平（Horizontal）	57°	70°
	垂直（Vertical）	43°	60°

图 7-1　Kinect v1 与 Kinect v2 参数对比

7.1.1　Kinect v2 驱动安装

通过查看 TurtleBot 2 的 launch 文件，我们可以发现，它默认包含了 3 种深度传感器的配置，其中就有 Kinect v1。但遗憾的是，并没有我们要使用的 2 代，所以我们需要先在 Ubuntu 下安装它的驱动，再安装 ROS 下 Kinect v2 的相关功能包。

注意：Kinect v2 最终是要连接 TurtleBot 机器人，因此它的驱动需要安装在用于控制 TurtleBot 机器人的工控机上，且不支持 USB 2.0，需要使用 USB 3.0，此外虚拟机可能也无法工作。

1. libfreenect2 安装。

首先需要安装 Kinect v2 的驱动——libfreenect2 。如果需要使用 Kinect v1 或者 Kinect for Xbox 360，则需要安装 libfreenect1。我们参照 github 的指示来进行安装。

首先在根目录下载 libfreenect2 的源代码，再进入 libfreenect2 文件夹。

```
$ git clone https://github.com/OpenKinect/libfreenect2.git
$ cd libfreenect2
```

安装相关的依赖项。

```
$ sudo apt-get install build-essential cmake pkg-config libturbojpeg lib-
jpeg-turbo8-dev mesa-common-dev freeglut3-dev libxrandr-dev libxi-dev
```

2. 安装 libusb。

这是一个跨平台可移植的，用于 USB 设备访问的 C 语言库。

```
$ sudo apt-add-repository ppa:floe/libusb
$ sudo apt-get update
$ sudo apt-get install libusb-1.0-0-dev
```

3. 安装 GLFW3。

它是用于 OpenGL、OpenGL ES 和 Vulkan 应用程序开发的库。

```
$ sudo apt-get install libglfw3-dev
```

之后，在 libfreenect2 的根目录下进行编译。

```
$ cd ~/libfreenect2
$ mkdir build && cd build
$ cmake..
$ make
$ sudo make install
```

为设备访问设置 udev 规则。

```
$ sudo cp ../platform/linux/udev/90-kinect2.rules /etc/udev/rules.d/
```

安装完成后，进行测试。将 Kinect v2 与工控机连接，运行 build/bin 下面的 Protonect 测试设备是否正常使用。

```
$ cd ..
$ cd build/bin
$ ./bin/Protonect
```

7.1.2 iai_kinect2 功能包安装

仅仅安装了 Kinect v2 的驱动还不够，为了能在 ROS 中使用 Kinect v2，我们还需要一些库和工具。在这里我们介绍安装 iai-kinect 包，它是 Kinect 2 与 ROS 的接口。

注意：以下操作均要求在 TurtleBot 的工控机中进行。

首先,在\home目录下创建Kinect 2的工作空间,之后,我们的程序都会放在kinect2_ws这个工作空间。

```
$ cd
$ mkdir kinect2_ws && cd kinect2_ws
$ mkdir src && cd kinect2_ws
$ catkin_init_workspace #初始化空间
```

然后,将iai_kinect2克隆进该空间。

```
$ git clone https://github.com/code-iai/iai_kinect2.git
$ cd iai_kinect2
$ rosdep install -r --from-paths .    #安装依赖项
$ cd ~/kincet2_ws
$ catkin_make -DCMAKE_BUILD_TYPE = "Release"   #编译环境
$ rospack profile
```

功能包安装成功。

7.2 摄像头和机器人的测试

将刚才创建好的kinect2_ws添加进环境变量,方便后续操作。

```
$ echo "source ~/kinect2_ws/devel/setup.bash" >> ~/.bashrc
$ rospack profile
$ cd src_ws(此条语句可以结合文件具体的位置修改)
```

将工控机与Kinect v2连接后,打开终端运行kinect2_bridge。

```
$ roslaunch kinect2_bridge kinect2_bridge.launch
```

查看启动结果。

```
$ rosrun kinect2_viewer kinect2_viewer kinect2 sd cloud
```

如出现Kinect的画面,如图7-2所示,则说明运行成功。你可以试试查看当前启动的节点与话题。

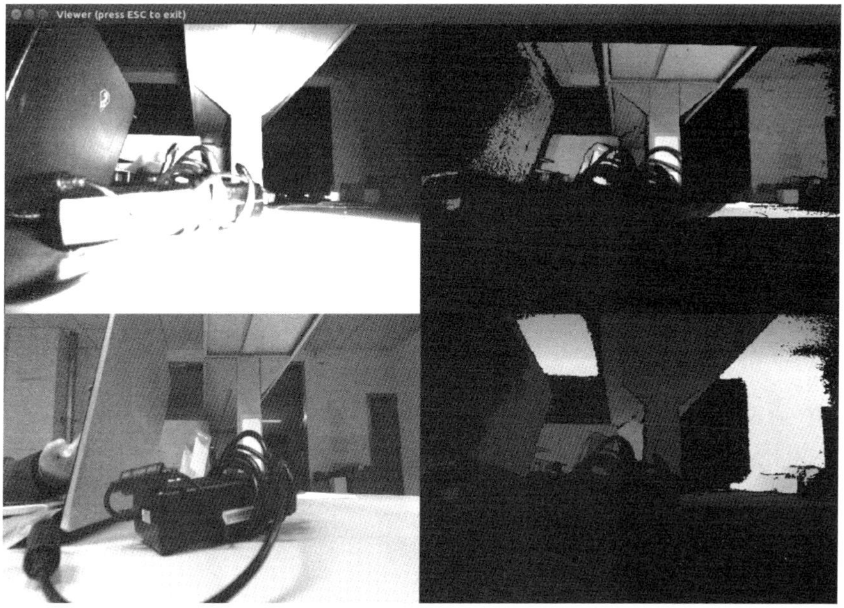

图 7-2 kinect2_viewer

7.3 TurtleBot 2 功能包安装

和仿真一样，在 PC 和 TurtleBot 中都需要安装 TurtleBot 的二进制文件。

```
$ sudo apt-get install ros-kinetic-turtlebot-*
```

再次提醒，以下操作，我们将 TurtleBot 2 与工控机合称为 TurtleBot，将远程控制的电脑称为 PC。为了能使用 PC 远程控制 TurtleBot，我们需要进行网络的配置，使用 SSH(Secure Shell)远程登录。可以在 TurtleBot 中输入以下命令安装 ssh server 来开放 SSH 服务：

```
$ sudo apt-get install openssh-server
```

然后在 PC 端就可以使用 SSH 登录 TurtleBot，从而进行远程操作。这一步很关键，以后会经常使用。

```
$ ssh TURTLEBOT@IP_OF_TURTLEBOT
```

为了方便后续操作,在此进行一些定义与说明。如图7-3所示。

	远程主机	TurtleBot 2上的工控机
简称	PC	TurtleBot
用户名	PC	TURTLEBOT
IP地址	IP_OF_PC	IP_OF_TURTLRBOT

图7-3　定义与说明

注:1. 表格中全大写的用户名和IP地址,操作时都需要换成自己对应的用户名和IP地址。2. 后文所说在TurtleBot中进行操作,是指在PC上打开一个终端,通过SSH远程登录TurtleBot,然后在该终端进行操作。

7.4　配置网络

为了能使用PC远程控制TurtleBot,在此我们需要事先配置网络,将TurtleBot的工控机与PC连接到同一个网络,例如手机热点、路由器等(不建议使用校园网)。在这里参考ROS wiki进行网络配置。

PC为主机,在终端中输入gedit ~/. bashrc编辑. bashrc文件,在末尾添加以下指令,当然也可以直接在命令行中使用echo和>>进行添加。

```
export ROS_MASTER_URI = http://localhost:11311
export ROS_HOSTNAME = IP_OF_TURTLEBOT


export ROS_MASTER_URI = http://IP_OF_TURTLEBOT:11311
export ROS_HOSTNAME = IP_OF_PC
```

由于TurtleBot 2代码默认支持的Kinect是v1,为了使用Kinect v2完成后续的建图和导航,需要进行一些更改。这里在之前创建的Kinect 2的工作空间中克隆后续需要的软件包。

```
$ cd ~/kinect2_ws/src #进入之前创建的工作空间
$ git clone
```

编译完成后可以查看工作空间的目录树,了解其结构。

7.5 移动 TurtleBot

配置好网络后，和仿真一样，我们的第一个任务就是通过键盘控制 TurtleBot。在第 5 章，我们先在 Gazebo 中启动一个虚拟的 TurtleBot 2，然后运行键盘控制节点。现在我们在现实中启动 TurtleBot 2，再运行键盘控制节点。

在 TurtleBot 中打开新终端，连接机器人，启动底盘。

```
$ roslaunch turtlebot_bringup minimal. launch
```

在 PC 中打开新终端，启动键盘控制。

```
$ roslaunch turtlebot_teleop keyboard_teleop. launch
```

之后便出现了熟悉的界面，你可以使用键盘来控制机器人移动。整个流程如图 7-4 所示：

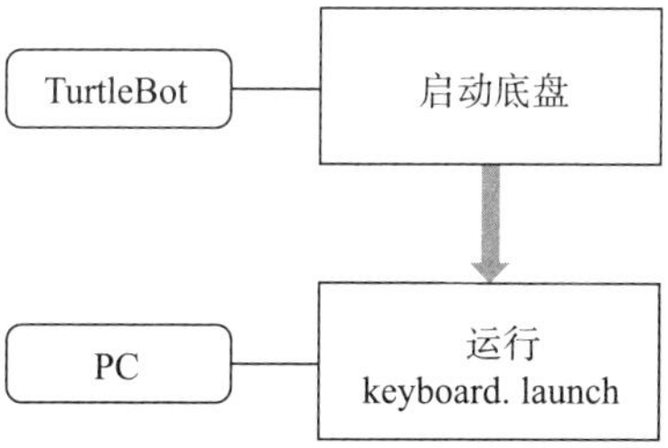

图 7-4 键盘控制流程图

7.6 使用 Gmapping 创建地图

和仿真一样，我们仍使用 Gmapping 来进行 SLAM，在仿真中我们使用的命令是：

```
$ roslaunch turtlebot_gazebo gmapping_demo. launch
```

现在我们使用 Kinect v2，需要运行的是 kienct2_ws 下 bringup 包里的 kinect2_gmapping. launch，这个 launch 文件主要包含 3 个功能：

(1)启动 Kinect 2 的驱动节点，如图 7-5 所示。这是一个嵌套的 launch 文件，位于 iai_kinect2 中,通过它来驱动 Kinect 2。

```
<!-- 启动kinect 2驱动节点 -->
<include file="$(find kinect2_bridge)/launch/kinect2_bridge.launch">
    <arg name="base_name"          value="kinect2"/>
    <arg name="sensor"             value=""/>
    <arg name="publish_tf"         value="true"/>
    <arg name="base_name_tf"       value="kinect2"/>
    <arg name="fps_limit"          value="-1.0"/>
    <arg name="calib_path"         value="$(find kinect2_bridge)/data/"/>
    <arg name="use_png"            value="false"/>
    <arg name="jpeg_quality"       value="90"/>
    <arg name="png_level"          value="1"/>
    <arg name="depth_method"       value="default"/>
    <arg name="depth_device"       value="-1"/>
    <arg name="reg_method"         value="default"/>
    <arg name="reg_device"         value="-1"/>
    <arg name="max_depth"          value="12.0"/>
    <arg name="min_depth"          value="0.1"/>
    <arg name="queue_size"         value="5"/>
    <arg name="bilateral_filter"   value="true"/>
    <arg name="edge_aware_filter"  value="true"/>
    <arg name="worker_threads"     value="4"/>
</include>
```

图 7-5 启动 Kinect 2 的驱动节点

(2)启动 depthimage_to_laserscan 节点,该节点将深度摄像头的深度信息,基于提供的参数,转换成 2D 的激光扫描信息,用于建图。这么做是因为 Gmapping 不能直接使用 3D 的深度信息来建图。

```
<node pkg = "depthimage_to_laserscan" type = "depthimage_to_laserscan" name = "depthimage_to_laserscan" output = "screen">
    <! --输入图像-->
    <remap from = "image" to = "/kinect2/qhd/image_depth_rect"/>
    <! --相关图像的相机信息。通常不需要重新变形,因为 camera_info 将从与图像相同的命名空间订阅。-->
    <remap from = "camera_info" to = "/kinect2/qhd/camera_info" />
    <! --输出激光数据的话题-->
    <remap from = "scan" to = "/scan" />
    <! --激光扫描的帧 id。对于来自具有 Z 向前的"光学"帧的点云,该值应该被设置为具有 X 向前和 Z 向上的相应帧。-->
    <param name = "output_frame_id" value = "/kinect2_depth_frame"/>
    <! --用于生成激光扫描的像素行数。对于每一列,扫描将返回在图像中垂直居
```

```
中的那些像素的最小值。-->
    <param name = "scan_height" value = "30"/>
    <! --返回的最小范围(以米为单位)。小于该范围的输出将作为-Inf 输出。-->
    <param name = "range_min" value = "0.45"/>
    <! --返回的最大范围(以米为单位)。大于此范围将输出为 + Inf。-->
    <param name = "range_max" value = "8.00"/>
    </node>
```

(3)启动 Gmapping 节点,如图 7-6 所示。前面的步骤都是为了这一步铺垫。我们只需要在 launch 文件中加入这一段就可以使用 Gmapping 建图。

```
<node pkg="gmapping" type="slam_gmapping" name="simple_gmapping" output="screen">
    <param name="map_update_interval" value="5.0"/>
    <param name="maxUrange" value="5.0"/>
    <param name="maxRange" value="6.0"/>
    <param name="sigma" value="0.05"/>
    <param name="kernelSize" value="1"/>
    <param name="lstep" value="0.05"/>
    <param name="astep" value="0.05"/>
    <param name="iterations" value="5"/>
    <param name="lsigma" value="0.075"/>
    <param name="ogain" value="3.0"/>
    <param name="lskip" value="0"/>
    <param name="minimumScore" value="50"/>
    <param name="srr" value="0.1"/>
    <param name="srt" value="0.2"/>
    <param name="str" value="0.1"/>
    <param name="stt" value="0.2"/>
    <param name="linearUpdate" value="1.0"/>
    <param name="angularUpdate" value="0.5"/>
    <param name="temporalUpdate" value="3.0"/>
    <param name="resampleThreshold" value="0.5"/>
    <param name="particles" value="50"/>
    <param name="xmin" value="-5.0"/>
    <param name="ymin" value="-5.0"/>
    <param name="xmax" value="5.0"/>
    <param name="ymax" value="5.0"/>
    <param name="delta" value="0.05"/>
    <param name="llsamplerange" value="0.01"/>
    <param name="llsamplestep" value="0.01"/>
    <param name="lasamplerange" value="0.005"/>
    <param name="lasamplestep" value="0.005"/>
</node>
```

图 7-6 启动 Gmapping 节点

简要说明该文件后,我们在 Turtlebot 中输入以下命令就可以建图了。

```
$ roslaunch bringup kinect2_gmapping.launch、
```

为了看见建图的过程，我们配置好 RViz 的可视化选项后，将其保存在 bringup 包中的 rviz 文件夹，并使用 kinect2_gmapping_rviz_view.launch 加载 RViz 节点及配置文件。

```
<launch>
    <! --start rviz view -->
    <node name = "rviz" pkg = "rviz" type = "rviz" args = "-d $ (find bringup)/rviz/kinect2_gmapping.rviz" />
</launch>
```

使用以下命令运行：

```
$ roslaunch bringup kinect2_gmapping_rviz_view.launch
```

使用键盘控制机器人移动，你可以看见 RViz 地图越来越大，越来越清晰，如图 7-7 所示。

图 7-7　键盘控制机器人移动

以上步骤，如图 7-8 所示。

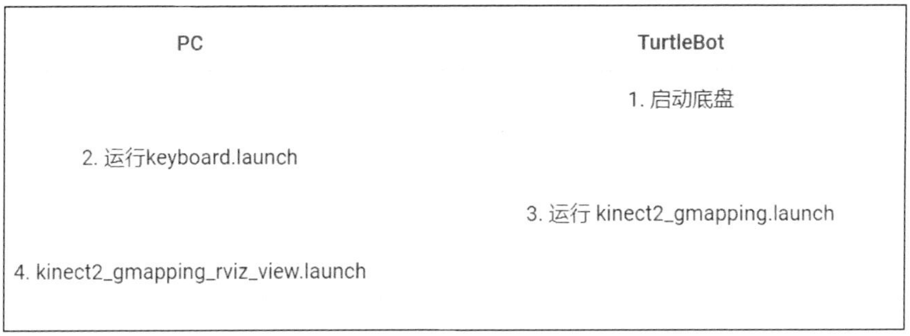

图 7-8 流程图

当你觉得当前地图较为理想后，使用 map_server 将地图保存在 bringup/map 文件夹下，若不指定路径则默认保存在主文件夹下。

$ rosrun map_server map_saver -f /home/用户名/kinect2_ws/src/bringup/map/mymap

建好的地图包含 pgm 文件和 yaml 文件，后者包含了地图文件的路径。需要注意的是，这是一个绝对路径，在保存和引用地图时也需要这么写，不可写成～/用户名/kinect2_ws/，如图 7-9 所示。建图结果如图 7-10 所示。

图 7-9 保存地图

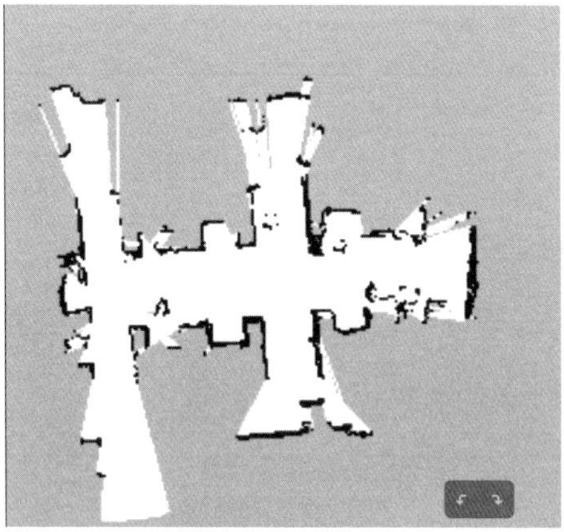

图 7-10　建图结果

7.7　自主导航

接着，我们使用建好的地图来进行导航。

导航的启动文件是位于 bringup/launch 中的 kinect2_navigation.launch，这个文件除了和 Gmapping 中一样驱动 Kinect 2，将深度数据转换成 2D 激光扫描数据外，还实现了 3 个功能。

(1)载入扫描好的地图。运行 map_server 节点，将创建好的 yaml 文件放在加载参数的位置，该 yaml 文件放在 map 下面。

```
<node name = "map_server" pkg = "map_server" type = "map_server" args = " $
(find bringup)/map/mymap.yaml"/>
```

(2)启动 amcl 节点，用于定位。我们使用了用于 Kinect 1 导航的配置文件，实际上也是可以使用的。

```
<arg name = "custom_amcl_launch_file" default = " $ (find turtlebot_naviga-
tion)/launch/includes/amcl/kinect_amcl.launch.xml"/>
<arg name = "initial_pose_x" default = "0.0"/>
<arg name = "initial_pose_y" default = "0.0"/>
<arg name = "initial_pose_a" default = "0.0"/>
<include file = " $ (arg custom_amcl_launch_file)">
<arg name = "initial_pose_x" value = " $ (arg initial_pose_x)"/>
```

```
<arg name = "initial_pose_y" value = " $ (arg initial_pose_y)"/>
<arg name = "initial_pose_a" value = " $ (arg initial_pose_a)"/>
</include>
```

(3)启动 movebase 节点，用于实现最优路径规划。

```
<arg name = "custom_param_file" default = " $ (find turtlebot_navigation)/
param/kinect_costmap_params.yaml"/>
<include file = " $ (find turtlebot_navigation)/launch/includes/move_
base.launch.xml">
<arg name = "custom_param_file" value = " $ (arg custom_param_file)"/>
</include>
```

输入以下命令启动导航：

```
$ roslaunch bringup kinect2_navigation.launch
```

再使用 RViz 查看导航的过程(图 7-11)：

```
$ roslaunch bringup kinect2_navigation_view.launch
```

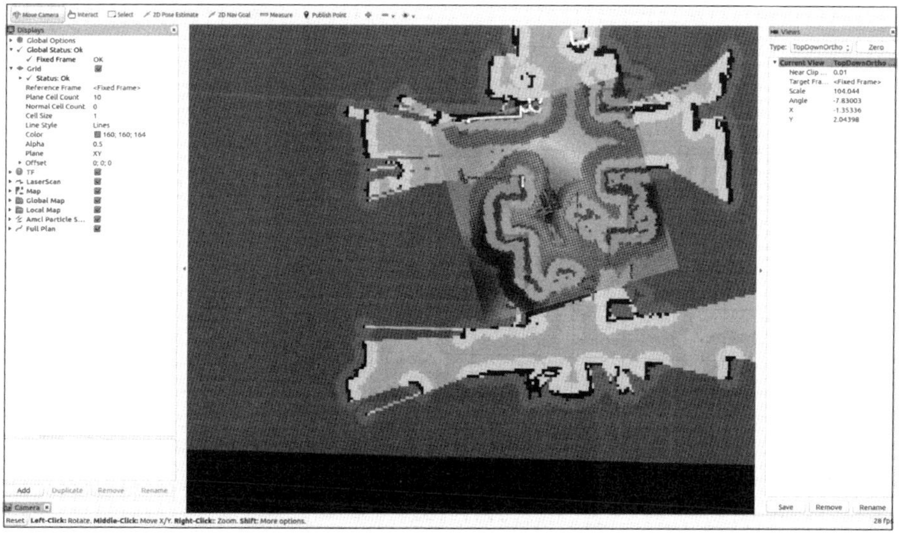

图 7-11　导航过程

和仿真一样，在 RViz 中使用 2D Nav Goal 选取目标位置，就可以看见机器人缓缓地移动过去了。

注意：导航时，最好将机器人放在与建图差不多的起始位置和朝向，便于机器人定位。

以上步骤，如图 7-12 所示。

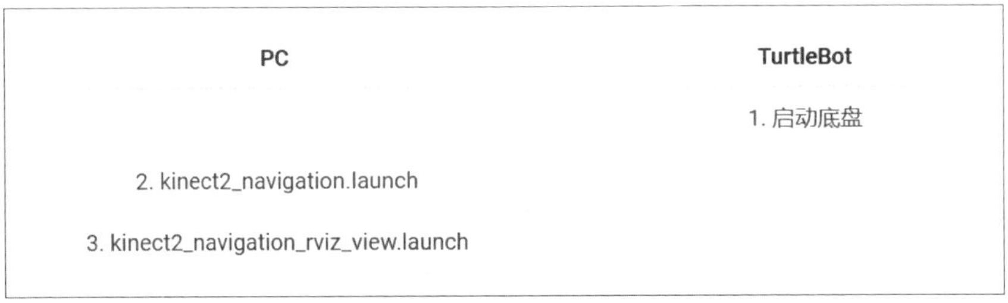

图 7-12　自主导航流程图

第 8 章　SLAM 基础

8.1　SLAM 的概念

SLAM(simultaneous localization and mapping)，也称为 CML(concurrent mapping and localization)，即时定位与地图构建，或并发建图与定位。它是指搭载特殊传感器的主体，在没有环境先验信息的情况下，于运动过程中建立环境的模型，同时估计自己的运动(鲁翔，2022；刘文杰等，2022)。

SLAM 可以描述为：机器人在一个未知的环境中从未知的位置开始移动，移动过程中根据位置估计和地图进行自身定位，同时建造增量式地图，实现机器人的自主定位和导航。这似乎是一个很直观的问题，因为我们自己走入陌生的环境时就是这么做的：感知周围的环境再控制自己的运动。

机器人要做到这一点，首先要有感知周围环境的能力，尤其要感知周围环境的深度信息，因为这是探测障碍物的关键数据。用于获取深度信息的传感器主要有以下几种类型。

(1)激光雷达。激光雷达是使用最多、研究较为成熟的深度传感器，可以提供机器人本体与环境障碍物之间的距离信息(张玉，2021)，很多常见的扫地机器人都配有高性价比的激光雷达。激光雷达的优点是精度高、响应快、数据量小，可以完成实时 SLAM 任务；缺点是成本高，一款进口的高精度激光雷达价格在 1 万元以上。现在很多国内企业专注高性价比的激光雷达，也有不少优秀的国产产品已被推向市场。常见的激光雷达，例如 SICK、Velodyne，还有国产的 rplidar 等，都可以拿来做 SLAM。激光雷达能以很高精度测出机器人周围障碍点的角度和距离，从而很方便地实现 SLAM、避障等功能。

(2)单目/双目摄像头。SLAM 用到的摄像头又可以分为两种。一种是单目摄像头，也就是使用一个摄像头完成 SLAM，这种方案的传感器简单、适用性强，但是实现的复杂度较高，而且单目摄像头在静止状态下无法测量距离，只有在运动状态下才能根据三角测量等原理感知距离。另一种则是双目摄像头，相比单目摄像头，这种方案无论在运动状态还是静止状态下，都可以感知距离，但是两个摄像头的标定较为复杂，大量的图像数据也会使得运算量较大（刘彩云和王志芳，2019；林凯等，2022）。

（3）RGB-D 摄像头。RGB-D 摄像头是近几年兴起的一种新型传感器，不仅可以像摄像头一样获取环境的 RGB 图像信息，还可以通过红外结构光、Time-of-light 等原理获取每个像素的深度信息（王威等，2022）。RGB-D 摄像头成本低，是目前室内服务机器人的主流传感器方案，但也存在诸如测量视野、噪声大等缺点。目前，常见的 RGB-D 摄像头有 Kinect v1/v2、华硕 Xtion PRo 等。

SLAM 通常包括特征提取、数据关联、状态估计、状态更新以及特征更新等几个部分。更形象地解释为，当你来到一个陌生的环境时，为了迅速熟悉环境并完成自己的任务（比如找饭馆、找旅馆），你应当做以下事情：

①用眼睛观察周围地标如建筑、大树、花坛等，并记住它们的特征（特征提取）。

②在自己的脑海中，根据双目获得的信息，把特征地标在三维地图中重建出来（三维重建）。

③在行走时，自己不断获取新的特征地标，并且校正自己头脑中的地图模型。

④根据自己前一段时间行走获得的特征地标，确定自己的位置（轨迹）。

⑤当无意中走了很长一段路的时候，与脑海中以往地标进行匹配，看一看是否走回了原路（回环检测）。实际这一步可有可无。

以上 5 步是同时进行的，因此称为“simultaneous localization and mapping”。

8.2 视觉 SLAM 基本框架

视觉 SLAM 几乎都有一个基本的框架。一个 SLAM 系统分为 4 个模块（除去传感器数据读取）：视觉里程计、后端优化、回环检测、建图（图 8-1）。

1. 视觉里程计

视觉里程计（visual odometry，VO）用于估计两个时刻机器人的相对运动（ego-motion）。在激光 SLAM 中，我们可以将当前的观测与全局地图进行匹配，用迭代最近点（iterative closest point，ICP）法求解相对运动。而对于相机，它在欧氏空间里运动，图像在计算机中只是一个数值矩阵。在视觉 SLAM 中，我们只能看到一个个像素点，知道它们是某些空间点在相机的成像平面投影的结果（杨雪梅

```
graph LR
    get_information[传感器信息获取] --> sensor[视觉里程计]
    get_information[传感器信息获取] --> detection[回环检测]
    detection[回环检测] --> optimizer[后端优化]
    sensor[视觉里程计] --> optimizer[后端优化]
    optimizer[后端优化] --> map[建图]
```

图 8-1　SLAM 系统模块

和李帅永，2022）。因此，定量地估计相机的运动，必须先了解相机与空间点的几何关系。

我们经常需要估计一个三维空间的变换矩阵。求解这个矩阵是 VO 的核心问题，而求解的思路，则分为基于特征的方法和不使用特征的直接方法。

基于特征的方法是目前 VO 的主流方式。对于两幅图像，首先提取图像中的特征，然后根据两幅图的特征匹配，计算相机的变换矩阵。最常用的是点特征，例如 Harris 角点、SIFT、SURF、ORB。如果使用 RGB-D 相机，利用已知深度的特征点，就可以直接估计相机的运动。给定一组特征点以及它们之间的配对关系，求解相机的姿态，该问题被称为 PnP 问题（perspective-n-point）。PnP 可以用非线性优化来求解，得到两个帧之间的位置关系。

不使用特征进行 VO 的方法称为直接法。它直接把图像中所有像素写进一个位姿估计方程，求出帧间相对运动。例如，在 RGB-D SLAM 中，可以用 ICP 法求解两个点云之间的变换矩阵。对于单目 SLAM，我们可以匹配两个图像间的像素，或者将图像与一个全局的模型相匹配。直接法的典型例子是 SVO 和 LSD-SLAM。它们在单目 SLAM 中使用直接法，取得了较好的效果。目前看来，直接法比基于特征的方法需要更多的计算量，而且对相机的图像采集速率也有较高的要求。

简单来说，就是利用采集到的环境特征，确定自己在特定坐标系下两个时刻之间的位移向量。

2. 后端优化

在 VO 估计帧间运动之后，理论上就可以得到机器人的轨迹了。然而视觉里程计和普通的里程计一样，存在累积误差的问题。直观地说，在 t_1 和 t_2 时刻，估计的转角比真实转角少 1°，那么之后的轨迹就全部少掉了这 1°。时间一长，建出的房间可能由方形变成了多边形，估计出的轨迹也会有严重的漂移。因此，在 SLAM 中，还会把帧间相对运动放到一个称之为后端的程序中进行加工处理。

早期的SLAM后端使用滤波器方式。由于那时还未形成前后端的概念，有时人们也称研究滤波器的工作为研究SLAM。SLAM最早的提出者R. Smith等把SLAM建构成一个扩展卡尔曼滤波(extended kalman filter，EKF)问题。他们按照EKF的形式，把SLAM写成一个运动方程和观测方程，以最小化这两个方程中的噪声项为目的，使用典型的滤波器思路来解决SLAM问题。

当一个帧到达时，我们能(通过码盘或IMU)测出该帧与上一帧的相对运动，但是存在噪声，是为运动方程。同时，通过传感器对路标的观测，我们可以测出机器人与路标间的位姿关系，同样也带有噪声，是为观测方程。通过这两项信息，我们可以预测出机器人在当前时刻的位置。同样，根据以往记录的路标点，我们又能计算出一个卡尔曼增益，以补偿噪声的影响。于是，对当前帧和路标的估计，就是这个预测与更新不断迭代的过程。

21世纪之后，SLAM研究者开始借鉴SfM(structure from motion)问题中的方法，把捆集优化(bundle adjustment)引入SLAM。优化方法和滤波器方法有根本上的不同。它并不是一个迭代的过程，而是考虑过去所有帧中的信息，通过优化，把误差平均分到每一次观测当中。SLAM中的捆集优化常常以图的形式给出，所以研究者称之为图优化方法(graph optimization)。图优化可以直观地表示优化问题，可利用稀疏代数进行快速的求解，表达回环也十分的方便，因而成为现今视觉SLAM中主流的优化方法。

直观地说，后端优化就是对累计的误差进行滤波优化。

3.回环检测

回环检测又称闭环检测(loop closure detection)，是指机器人识别曾到达场景的能力。如果检测成功，可以显著地减小累积误差。回环检测实质上是一种检测观测数据相似性的算法。对于视觉SLAM，多数系统采用目前较为成熟的词袋(bag-of-words，BoW)模型。词袋模型把图像中的视觉特征(SIFT，SURF等)聚类，然后建立词典，进而寻找每个图中含有哪些“单词”(word)。也有研究者使用传统模式识别的方法，把回环检测建构成一个分类问题，训练分类器进行分类(管晨曦和王淑营，2021)。

回环检测的难点在于，错误的检测结果可能使地图变得很糟糕。这些错误分为两类：①假阳性(false positive)，又称感知偏差(perceptual aliasing)，指事实上不同的场景被当成了同一个；②假阴性(false negative)，又称感知变异(perceptual variability)，指事实上同一个场景被当成了两个。感知偏差会严重地影响建图的结果，通常是希望避免的。一个好的回环检测算法应该能检测出尽量多的真实回环。研究者常常用准确率-召回率曲线来评价一个检测算法的好坏。

简单来说，回环检测就是判断机器人是否到过当前位置，可通过判断数据相似性来检测。

4. 建图

对于建图，没有一个固定的形式和算法。地图的形式随 SLAM 的应用场合而定，大体上分为度量地图和拓扑地图。度量地图强调精确地表示地图中物体的位置关系，通常用稀疏和稠密对其分类。拓扑地图是一种保持点与线相对位置关系正确而不一定保持图形形状与面积、距离、方向正确的抽象地图。

8.3 激光 SLAM 基本框架

激光 SLAM 的基本框架和视觉 SLAM 基本框架相差不大，只是不需要回环检测这一模块，视觉里程计改为里程计。

根据后端优化的不同方式分为滤波 SLAM 以及图优化 SLAM。

滤波 SLAM 的框架图如图 8-2 所示。

```
graph LR
    get_information[传感器信息获取] --> sensor[里程计]
    sensor[里程计] --> optimizer[后端优化]
    optimizer[后端优化] --> map[建图]
```

图 8-2　滤波 SLAM 的框架图

二维激光滤波 SLAM 的算法有：EKF-SLAM（20 世纪 90 年代）、FastSLAM（2002—2003 年）、Gmapping（2007 年）、Optimal RBPF（2010 年）。我们实验中所使用的 Gmapping 就是二维激光滤波。

二维激光图优化 SLAM 的算法有：Globally Consistent Range Scan For Environment Mapping（1997 年）、Incremental Mapping of Large Cyclic Environments（1999 年）、Karto SLAM（2010 年）、Cartographer（2016 年）。Google 的 Cartographer 就是其中的代表，ROS 中也有相应的功能包来完成 Cartographer。图优化 SLAM 的处理数据的方式与滤波 SLAM 不同，它不是在线的纠正位姿，而是把所有的数据记录下来，最后一次算总账。假设机器人的位姿是一个节点（node）或顶点（vertex），位姿之间的关系构成边（edge），具体而言比如 $t+1$ 时刻和 t 时刻之间的距离关系构成边，或者由视觉计算出来的位姿转换矩阵也可以构成边。一旦图构建完成了，就要调整机器人的位姿以尽量满足这些边构成的约束。

也许看了前两节，你可能还是云里雾里，不用担心，对于SLAM，本书只求运用，不必过多关注其原理。接下来，我们来看一下ROS中SLAM的一些功能包，它们用于实现一些常用的SLAM算法，例如Gmapping、Karto、Hector、Cartographer等。

这一节我们不会去关注算法背后的数学原理（上一节中简单讲了一下），而更注重工程实现上的方法。虽然在前两章的实验中你已经不知不觉地使用了，但本章将告诉你SLAM算法包是如何工作的，怎样快速地搭建SLAM算法。我们主要讲解实验中所使用的Gmapping算法。

8.3.1 地图

机器人导航地图有很多，在这里我们介绍二维占用网格地图（occupancy grid map），这也是我们所使用的地图。二维占用网格地图就是一张普通的灰度图像，通常为pgm格式，同时还有一个yaml文件包含地图信息。这张图像上的黑色像素表示占用区域，白色像素表示可行区域，灰色是未探索的区域。相信通过前两章的实验，你已经见过地图的pgm图片以及ymal文件了。

每个区域都是用0～255的灰度值来表示的，这个值表示的是占用概率。越接近1，它被占用的概率就越大，颜色就越深；反之越浅，如图8-3所示。

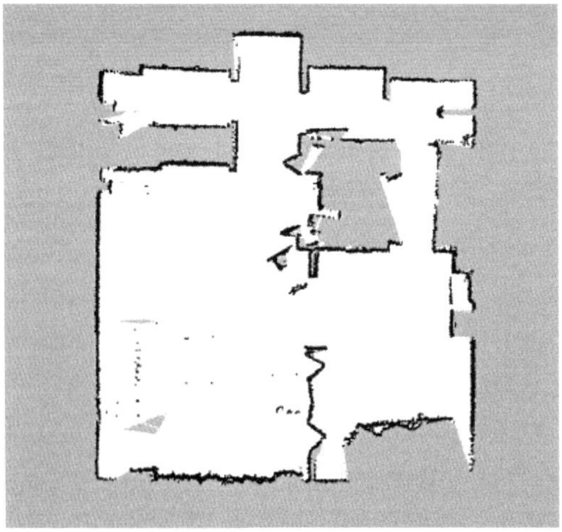

图8-3　二维占用网格地图

在SLAM建图的过程中，你可以在RViz里看到一张地图被逐渐建立起来的过程，类似于一块块拼图被拼接成一张完整的地图。对于定位和路径规划，这张地图都是不可缺少的信息。事实上，地图在ROS中是以topic的形式维护和呈现的，这个topic名称就叫作/map，它的消息类型是nav_msgs/OccupancyGrid。

8.3.2　锁存

由于/map中实际上存储的是一张图片，为了减少不必要的开销，这个topic往往采用锁存(latched)的方式来发布。

锁存的意思是：地图如果没有更新，就维持着上次发布的内容不变，此时如果有新的订阅者订阅消息，只会收到一个/map的消息，也就是上次发布的消息；只有地图更新了(比如SLAM又建出来新的地图)，/map才会发布新的内容。

锁存器的作用是：将发布者最后一次发布的消息保存下来，然后把它自动发送给后来的订阅者。这种方式非常适合变动较慢、相对固定的数据(例如地图)，只发布一次，相比于不定时地发布同样的消息，锁存的方式既可以减少通信中对带宽的占用，也可以减少消息资源维护的开销。

我们来看一下地图的OccupancyGrid类型是如何定义的。

你可以通过以下任意一条命令来查看消息类型，命令如图8-4所示。

```
$ rosmsg show nav_msgs/OccupancyGrid # 查看消息

$ rosed nav_msgs OccupancyGrid.msg # 查看srv文件。
```

图8-4　命令

消息类型查看结果如图8-5所示。

这个srv文件定义了/map话题的数据结构，包含了3个主要的部分：header，info和data。

header是消息的报头，保存了序号、时间戳、frame等通用信息。info是地图的配置信息，它反映了地图的属性。data是真正存储这张地图数据的部分，它是一个可变长数组。int8后面加了[]，可以理解为一个类似于vector的容器，它存储的内容有“width * height”个“int8”型的数据，也就是这张地图上的每个像素。

```
std_msgs/Header header #消息的报头
    uint32 seq
    time stamp
    string frame_id          #地图消息绑定在TF的哪个frame上，一般为map
nav_msgs/MapMetaData info      #地图相关信息
    time map_load_time          #加载时间
    float32 resolution          #分辨率 单位：m/pixel
    uint32 width              #宽 单位：pixel
    uint32 height              #高 单位：pixel
    geometry_msgs/Pose origin      #原点
        geometry_msgs/Point position
            float64 x
            float64 y
            float64 z
        geometry_msgs/Quaternion orientation
            float64 x
            float64 y
            float64 z
            float64 w
int8[] data           #地图具体信息
```

图 8-5　消息类型查看结果

8.3.3　Gmapping 功能包

1. 原理

Gmapping 是基于滤波 SLAM 框架的常用开源 SLAM 算法。它在 RBpf 粒子滤波算法上做了两个主要的改进——改进提议分布和选择性重采样。

粒子滤波中最常用的是重要性重采样算法。这个算法通过不断迭代来估计每一时刻机器人的位姿。算法总共包括 4 个步骤：采样、计算权重、重采样、地图估计。

Gmapping 基于 RBpf 粒子滤波算法，即将定位和建图过程分离，先进行定位再进行建图。

SLAM 要解决的问题就是由控制数据“u{1:t}”和观测数据“z{1:t}”求位姿和地图的联合分布。

$$P(x_1:t,m|z_1:t,u_1:t-1)$$

将该公式通过条件概率拆分为：

$$P(x_1:t,m|z_1:t,u_1:t)=P(m|x_1:t,z_1:t)P(x_1:t|z_1:t,u_1:t-1)$$

则可先得到位姿再建图。

2. 功能包

Gmapping 功能包集成了相关算法，这个软件包位于 ros-perception 组织中的 slam_gmapping 中。slam_gmapping 是一个元功能包，它依赖 Gmapping，而算法的具体实现都在 Gmapping 软件包中，该软件包中的 slam_gmapping 程序就是我们在 ROS 中运行的 SLAM 节点。如果你感兴趣，可以阅读一下 Gmapping 的源代码。

我们前面所安装的桌面完整版 ROS 已经自带 Gmapping，如果没有，可以使用以下命令来安装，如图 8-6 所示。

```
$ sudo apt-get install ros-kinetic-gmapping
```

图 8-6　安装 Gmapping 命令

3. Gmapping SLAM 计算图

Gmapping 的作用是根据激光雷达和里程计的信息，对环境地图进行构建，并对自身状态进行估计。因此，它的输入应当包括激光雷达和里程计的数据，而输出应当有自身位姿和二维占用地图。下面我们从计算图（消息的流向）的角度来看看 Gmapping 算法在实际运行中的结构（图 8-7）。

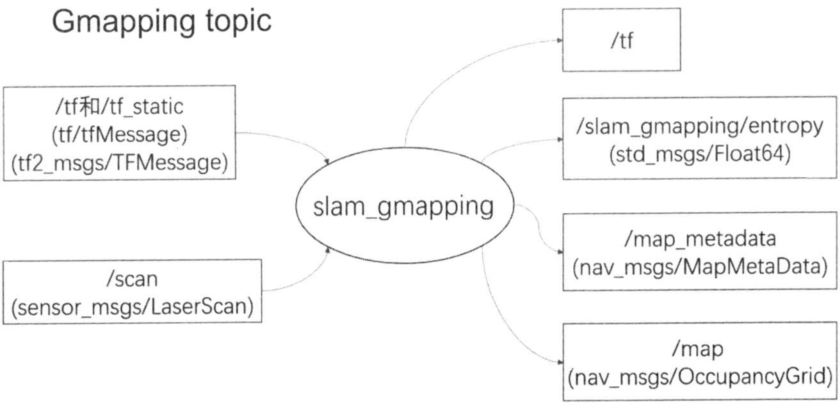

图 8-7　Gmapping 算法结构

首先，让我们来说明一下图 8-7 Gmapping 算法结构。

（1）slam_gmapping 节点。

slam_gmapping 节点通过消息 sensor_msgs/LaserScan 获取数据并建立地

图，创建的地图可以通过 ROS 主题或者服务方式获取。

（2）节点订阅主题（输入）。

tf 以及 tf_static(tf/tfMessage)，类型为第一代的 tf/tfMessage 或第二代的 tf2_msgs/TFMessage。其中一定要提供的有两个 tf：一个是 base_frame 与 laser_frame 之间的 tf，即机器人底盘和激光雷达之间的变换；另一个是 base_frame 与 odom_frame 之间的 tf，即底盘和里程计原点之间的坐标变换。odom_frame 可以理解为里程计原点所在的坐标系，用于激光器坐标系、基座坐标系、里程计坐标系之间的转换。

scan(sensor_msgs/LaserScan)，激光器扫描数据。

（3）节点发布主题（输出）。

map_metadata(nav_msgs/MapMetaData)，周期性发布地图 meta 数据。

map(nav_msgs/OccupancyGrid)，周期性发布地图栅格数据。

~entropy(std_msgs/Float64)，发布机器人姿态分布熵的估计。

tf(tf/tfMessage)，输出的/tf 是又一个很重要的信息，就是 map_frame 和 odom_frame 之间的变换，这其实就是对机器人的定位。

（4）服务。

dynamic_map(nav_msgs/GetMap)，调用该服务可以获取地图数据。

Gmapping 功能包中还提供了许多可配置的参数，更改参数需要对机器人性能和算法内部实现有一定的了解，在此不加赘述，我们使用默认值即可。如果想要了解更多，可以在网上查看参数介绍或参考《ROS 机器人开发实践》(胡春旭)第 9.3 节。

4. 里程计误差及修正

目前，ROS 中常用的里程计广义上包括车轮上的光电码盘、惯性导航元件(IMU)、视觉里程计 3 种。你可以只用其中的一个作为 odom，也可以选择多个进行数据融合，融合结果作为 odom。通常来说，实际 ROS 项目中的里程计会发布两个 topic。

odom(nav_msgs/Odometry)：反映里程计估测的机器人位置、方向、线速度、角速度信息。

tf(tf/tfMessage)：主要是输出 odom_frame 和 base_frame 之间的 tf。这段 tf 反映了机器人的位置和方向变换，数值与/odom 中的相同。

由于以上 3 种里程计都是对机器人的位姿进行估计，存在着累计误差，当运动时间较长时，odom_frame(里程计坐标系)和 base_frame 之间变换的真实值与估计值的误差会越来越大。Gmapping 的做法是把里程计误差的修正发布到 map_frame 和 odom_frame 之间的 tf 上，也就是把误差补偿在地图坐标系和里程计原点坐标系之间，通过这种方式来修正定位。

这样，map_frame（地图坐标系）和base_frame（基座坐标系），甚至和laser_frame（传感器坐标系）之间就连通了，实现了机器人在地图上的定位。

8.4 Gmapping例程

使用Gmapping实现SLAM，我们只需要使用其提供的接口来实现相关功能。我们以本书代码中的/kinect_ws/src/launch文件为例。本书前面的章节已经为大家提供了一个利用相机进行Gmapping的例程。在本小节，将提供两个例程：第一个是使用激光雷达利用Gmapping算法进行地图的创建；第二个是使用设置了多个机器人导航目标点的文件，使机器人完成定点导航的功能。

8.4.1 例程1

首先，对代码创建工作空间进行编译安装。随后，依次执行以下几步进行Gmapping建图算法测试例程。

步骤一：打开Gazebo仿真测试环境，如图8-8所示。

```
$ roslaunch mbot_gazebo mbot_laser_nav_gazebo.launch
```

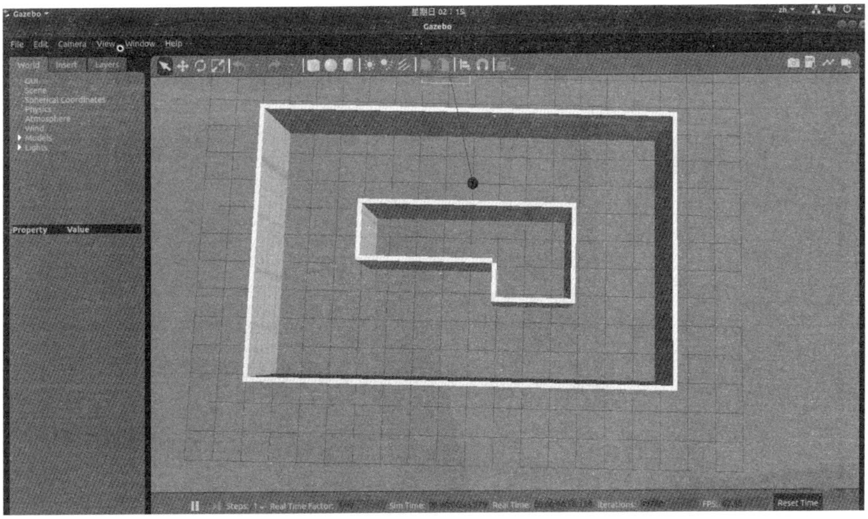

图8-8 Gazebo仿真测试环境

步骤二：执行 Gmapping 建图算法包，如图 8-9 所示。

```
$ roslaunch mbot_navigation gmapping_demo.launch
```

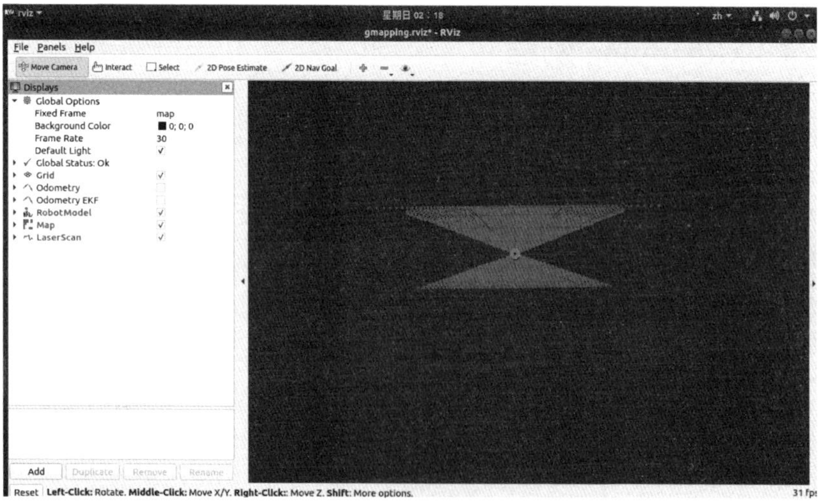

图 8-9　执行 Gmapping 建图算法包

步骤三：键盘操纵完成建图，如图 8-10 所示。

```
$ roslaunch mbot_teleop mbot_teleop.launch
```

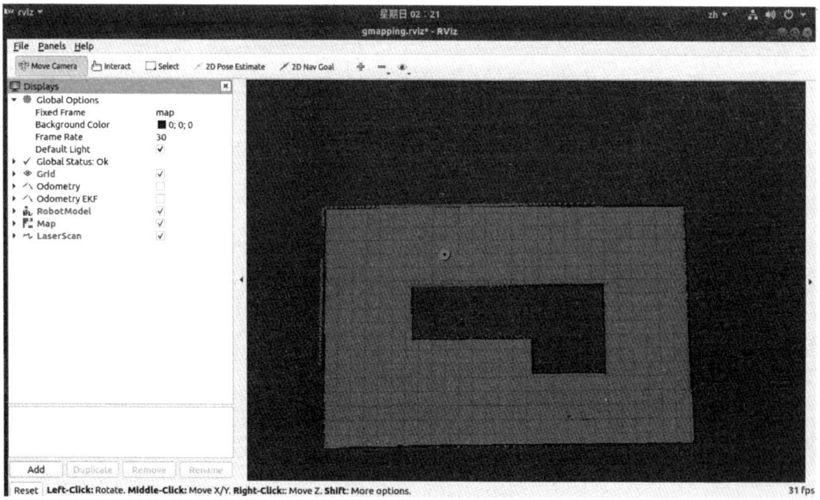

图 8-10　键盘操纵完成建图

8.4.2 例程2

首先,启动ROS,在终端运行以下指令:

```
$ roslaunch qingzhou_nav qingzhou_bringup.launch
```

运行这条指令的原因是,在ROS当中是使用rosmaster进行话题的发布和接收,运行了这条指令就是启动了机器人树,其他的话题和节点都是挂载在机器人树上的。

接下来运行导航功能包,运行指令:

```
$ roslaunch qingzhou_nav qingzhou_move_base_with_teb.launch
```

进入send_position.py所在的目录,右击空白处,选择在终端打开,在此例中,该文件所在目录为qingzhou_ws/src/qingzhou_nav/scrpts,或者新建一个终端,使用指令切换到该目录。

```
$ cd qingzhou_ws/src/qingzhou_nav/scrpts
```

进入目录之后,运行send_position.py文件,发送目标位置。

```
$ python send_position.py
```

回到最开始的终端,运行RViz。

```
$ rviz
```

在RViz里面,选择已经建立好的地图,给出第一个目标点的位置之后,就会依次执行接下来的每个目标点,到达每个设置好的目标点之后,都会在终端中发送提示信息,显示已经成功到达目标点。

8.5 Cartographer例程

本例程同时包含Cartographer的测试例子。

步骤一:打开Gazebo仿真测试环境,如图8-11所示。

```
$ roslaunch mbot_gazebo mbot_laser_nav_gazebo.launch
```

步骤二:执行 Cartographer 建图算法包,如图 8-12 所示。

```
$ roslaunch mbot_navigation cartographer_demo_rplidar.launch
```

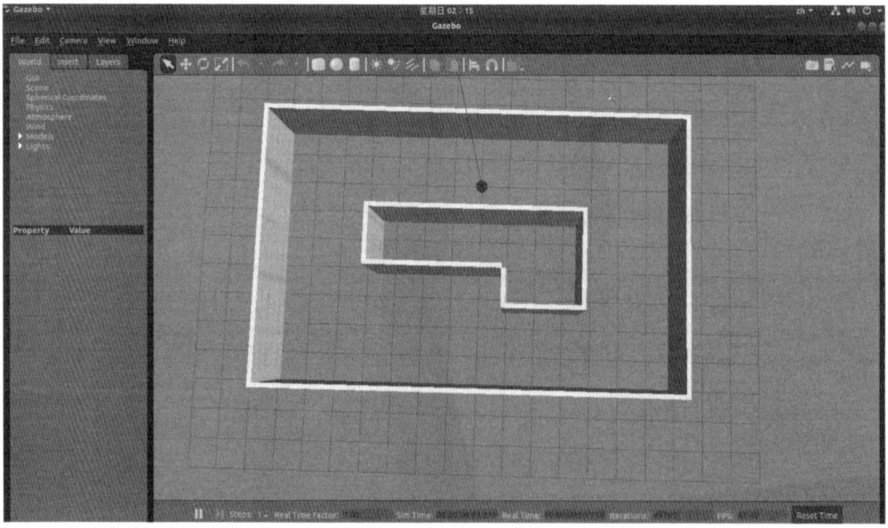

图 8-11 Gazebo 仿真测试环境

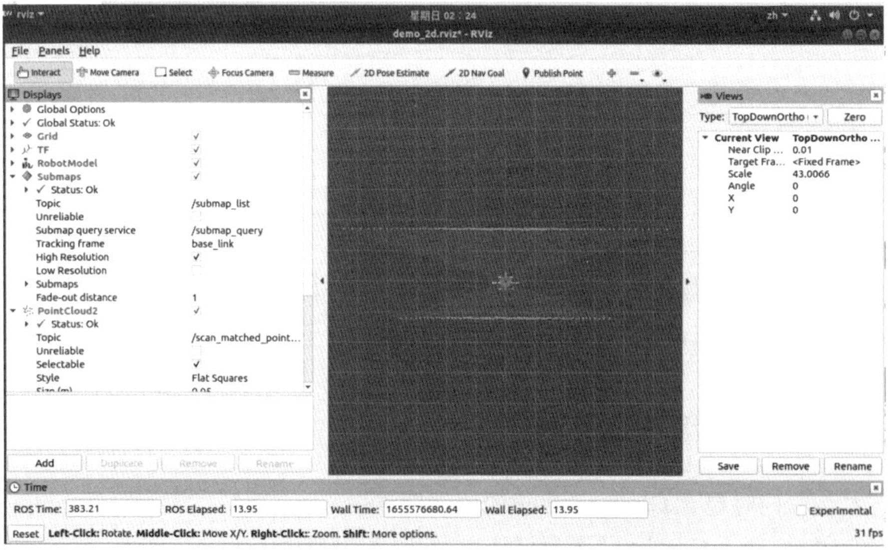

图 8-12 执行 Cartographer 建图算法包

步骤三：键盘操纵完成建图，如图 8-13 所示。

```
$ roslaunch mbot_teleop mbot_teleop.launch
```

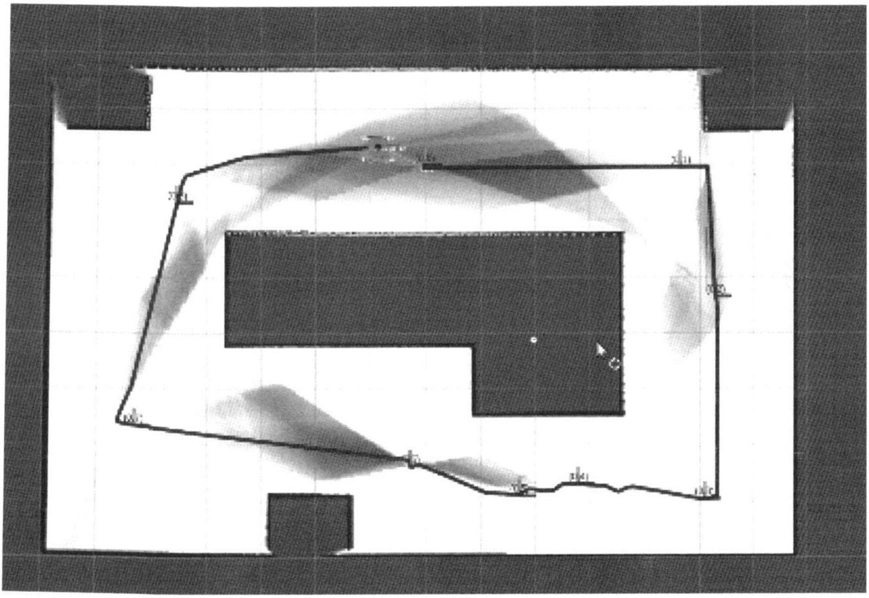

图 8-13　建图完成

参考文献

刘俊,2021.基于 Kinect v2 深度图像的三维重建技术研究[D].大庆:东北石
学.

鲁翔,2022.基于 SLAM 技术的移动机器人路径规划系统设计与实现[D].黄
胡北师范大学.

刘文杰,刘小娇,付猛,等,2022.基于视觉 SLAM 的动态图像处理方法研究
数字通信世界(6):14-16.

张玉,2021.激光雷达与双目摄像头巡检机器人实时定位与建图[D].成都:西
通大学.

刘彩云,王吉芳,2019.基于 Kinect 摄像头的视觉 SLAM 算法[J].北京信息科
学学报(自然科学版),34(4):87-92.

林凯,梁新武,蔡纪源,2022.基于重投影深度差累积图与静态概率的动态
B-D SLAM 算法[J].浙江大学学报(工学),56(6):1062-1070.

王威,滕绍光,郑璐,2022.移动机器人视觉里程计综述与研究展望[J].物流技
应用,27(3):130-133.

杨雪梅,李帅永,2022.移动机器人视觉 SLAM 回环检测原理[illegible]及趋势[J/
].电子测量与仪器学报,36(8):1-12.

管晨曦,王淑营,2021.基于粒子滤波的室内巡逻机器人
动化仪表,42(11):53-57,62.